北大悟道

一个北大旁听生的逆袭人生

/ 于仲达 / 著 /

中国纺织出版社
2015 · 北京

内 容 提 要

于仲达来北大旁听学习以前只是个“草根”，他强烈的生命意志没有使他沉沦，在没有背景、没有资源、没有显赫学历的条件下，他凭借自己的勤奋和刻苦，在逆境里拼搏，尤其在最艰难的日子里，以北大旁听生的身份坚持学习，获得与北大学子并肩思考的机会。

本书收录了他这些年在北大的学习、思考和写作内容，将他的梦想、激情和迷茫表现得淋漓尽致，极大地贴近当代“草根”青年的内心，成为“草根”人物的上进典型。

图书在版编目（CIP）数据

北大悟道：一个北大旁听生的逆袭人生 / 于仲达著. -- 北京 ：中国纺织出版社，2015.9（2024.1重印）

ISBN 978-7-5180-1817-8

Ⅰ.①北… Ⅱ.①于… Ⅲ.①成功心理-青年读物 Ⅳ.①B848.4-49

中国版本图书馆CIP数据核字（2015）第156832号

策划编辑：李　猛　　　　责任编辑：李　猛

特约编辑：杨　璇　　　　责任印制：储志伟

中国纺织出版社出版发行

地址：北京市朝阳区百子湾东里A407号楼　邮政编码：100124

销售电话：010—67004422　传真：010—87155801

http: //www. c-textilep. com

E-mail: faxing @ c-textilep. com

中国纺织出版社天猫旗舰店

官方微博http://weibo.com/2119887771

永清县晔盛亚胶印有限公司印刷　各地新华书店经销

2015年9月第1版　2024年1月第3次印刷

开本：710×1000　1/16　印张：16.5

字数：160千字　定价：49.00元

前言

Preface

列车，剪开中原大地，驶向北京……

车上，一个脸色疲惫的年轻人，怀抱一本《圣经》，恹恹地倚在车窗上。旁边，乘客乱嚷嚷着围着打牌。青年人头发直棱，眼神迷离，斜斜地看着窗外苍茫的田野。

窗外，夜深路远，正是春寒三月——刚过完了春节！

年轻人约30多岁。长得还算文秀，五官也还精到。只是由于倦怠和精神不良，看去面色有些苍白困顿。

已是下半夜了。天光欲开曙色微明。望着窗外魑光魅影大写意般剪不断的朦胧夜景，年轻人无限伤感。这条路——S城到北京，六年来，他坐过了多少趟呵！如今，他又像个候鸟飞了回来。

今夜无眠，命运是禅，谁能参透?

那个年轻人就是我。风尘碌碌，似水流年，忽如行客。

我在一个又熟悉又陌生的小镇上，隔着二十五年的时光往回走，寻找记忆中的那条河。当一切渐远，内心渐渐宁静丰盛之时，忽然有了一些感触。

回顾我的心路历程，苦于记性太好，无法忘却，苦痛袭来，凉风飕飕。多年前，那个暗淡的夜晚，我徘徊于S城的高杆灯下，吸着烟，心力交瘁的我，反复思考以后的路，一遍一遍来回走。我又怎能接受现实，在凉薄的人群中继续寒怆的生活呢？一种宿命的力量仿佛催促着我，逼迫我做出抉择。造化弄人。面对试炼，接招还是放弃，能由得我吗？看来上天就是故意将我放逐于世间，就是要我在苦难里熬炼，以考验我的终极承受力。

读鲁迅先生的散文诗《过客》的时候，联想到很多事情，其实，我又何尝不是过客呢？

当我站北大门口的时候，恰如我第一次到北京鲁迅故居，心情都是极其复杂的。我自己也说不上那是一种怎样的感觉，只知道那不是我想象中的大学，反而像是贵族的府邸，里面有着我不曾熟知的奇异风景。

人就是这样，太容易得到的东西就不知道珍惜。感恩北大，虽不是我的母校，却在精神上塑造了我。读中文系的研究生，毕业以后做大学教师，一度曾是我人生的理想。为此，我苦苦备战考研，不过还是失败了。我曾一度迷信于命运，以为此生将在S城混日子打发无聊的时光。但是，上天终于没有抛弃我，给我敞开了微弱的亮光。我走了出去。

我读过两所大学，在S城学到的是残酷的社会大学的磨炼，在北大学到的是精英的文化。我曾有过困惑，是把自己的淳朴越抛越远，还是带有隔阂地融入现代社会？难道我要做的就是在北大学到很多知识，然后再用“知识精英”那种俯瞰的眼光看待S城人吗？我不知道。老实说吧，我没有那种“知识精英”的优越感。

年幼时我曾经深情地注视着村庄边的萤火虫。在乡村的夏夜里，孩子们对萤火虫是情有独钟的，都结伴去观赏：在乡村的池塘边或草丛中，望着那些在低空中轻轻飘飞的萤火虫，脸上露出惊喜的神色。记得那时，乡村的池塘边长满了野草，草丛中爬满了各式各样的萤火虫，仲夏之夜，大地就像一个百变的魔术师，瞬间变幻出无穷的色彩，天上星月隐隐，蛐蛐藏在草丛里轻轻地吟唱着，村庄的池塘里蛙声四起，田野里或池塘边萤火虫飞来飞去，就像一个个小小的灯笼，照彻乡村恬静的夜空。

在漆黑的暗夜，萤火虫发出了自己的光芒，为自己，为别人，照亮一米光亮。那些寂寞的日子，一天一天在我心里孕育，形成了我的孤独、内向与敏感，也在无意中造就了我内心的丰富。那是一种没有斗争、不受奴役、不劳心神的生活，无功利、无目的、真自由，沉浸在对物的彻底旁观里，做精神上的漫游，只有那样才能推己及物，对万事万物有着一种深深的怜悯。可是，这种日子随着渐渐长大就消散了。

很小的时候，我坐在皖北一个村庄的废旧窑顶上，望着深蓝色的星空，就在孤独地思考。自以为万物之灵的人类，相比浩瀚的宇宙是多么的渺小和可怜，宇宙的一个小小的波动可能就会使整个人类灭亡。

宇宙之浩渺天地之无穷，人的存在只是浩瀚银河中短暂的存在，个体不可能彻底认识宇宙，也不可能彻底认识自身。在无垠的宇宙面前，个人的存在必将是一种悲壮的凄凉的无限孤独的求索。探求愈深，孤独愈甚。我喜欢天地只剩下我的状态，是一种清净感，眼前如有一泓深潭，我便是宇宙。从孩童到少年，在遗传和自然的双重作用下，由本能自发而自然地生活，这是原始的“本我”的境界。学生时代结束，开始跨入工作，建立自我意识，到对死亡的意识，对宇宙人生之思索，从而确立自己的世界观和人生观，这是自觉地以自己的自我形象去生活的“自我”的境界。然后从反省我之存在，到对人性本质的探讨，从对生命无常的体验，到证悟一切皆为“空性”的悲哀，此时生命已经达到无我的境界了。非常人所能体会，唯大智者、大禅者方能契入。

与一些人比，我内心没有过多的“北大梦”“文学梦”，我确实热爱读书，也敢于在逆境中求索，但说来奇怪，这一切都来自于一种坚持，寻找那种让自己在喧嚣场所一下子安静下来的声音。

不以物喜，不以己悲。清心寡欲，神不外驰，于虚极静笃之中，与道同在。证到一定的境界，忽然间顿悟，一种高级的可意会不可言传的妙境。万物运行不息，我静观它的变化；花开花落，我欣赏造物之神奇而心宁静自然。证悟佛道所追求的正是这种豁然而至的禅悟。

诚如李劼先生所言：“无树无台，即心即佛。今人所谓上帝者，不在天上，不在地下，就在每个人的心中。可叹的只是，世人内心，为上帝进出的门紧锁着，让欲望流出的洞常开着。一旦门锁打开，即见上帝。彼乃释迦气象，亦与基督相近。佛门是开是闭在于心锁的有无。不以出家在家为转移，不以槛内槛外作区分。心有寺庙，无需入寺。”

离心无佛。从众生到佛、烦恼到菩提、无明到智慧、生死到涅槃、此岸到净土，都是内在性的。佛从心生，自心创造成就佛，自心就是佛。

于仲达

2015年4月5日晚

于北大中关园

目 录

Contents

第一章 在剧变的时代改变自己

第二章 既靠天，也靠地，还靠自己

第三章 失败和痛苦都是人生最好的机遇

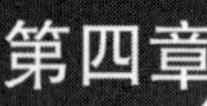

第四章 必须要突破受限的思想

第五章 背负着梦想和重压前进

第六章 “道”是人生的境界

第七章 倾听来自心灵深处的声音

附录

第一章 在剧变的时代改变自己

走进北大，我的生命才真正开始

衡量一所大学是否是好大学，关键在于它能否唤醒你内心的渴望、挑动你内心的冲动和发掘你未来的潜力，而北大就是这么一所大学。

曾有段日子，面临着价值观、人生观的痛苦辨识和抉择，我的心灵充满了矛盾与挣扎。内在的追求和外在的压迫形成痛苦的渊薮，这一点和鲁迅笔下的过客并无二致。悄然中，网络也成了很多民间思想者改变命运的工具。2003年我接触网络，同一些人一样，那时候揣着知识分子梦的我，很羡慕几个朋友能去网站或杂志社做编辑。我跟他们一样，没有显赫的学历，去高校，去媒体，学历这关都不容易过去。后来，我下了决心去北大充电。

2007年春天，我先在一家杂志社忙碌了一阵，然后去北大。那时我穿着单薄的衣衫，背着挎包，昂然而入北大。门卫看我这“派头”，大约像个学生，没有拦我。

北大曾是皇家园林，肃穆的建筑，轩楼朱阁，飞檐嵯峨，布局精巧。西门南华表的银杏，清秋初冬之季，落英白果，陨堕如花瓣雨。静园的松树，孤寂清冷。一院到六院的爬山虎，疏影婉约。临湖轩的竹子，青翠森郁。未名湖南岸的垂柳，婀娜多姿。

百周年纪念讲堂，是一座高大巍峨的白色建筑，各种艺术活动经常在这里表演。我在北大，身心得到了前所未有的洗礼。走进北大，我的生命才真正开始，突然感觉人生前二十多年都是虚度。

一脚踩进燕园的土地，感觉到一种自由，一种朝气。一切都是新的、陌生的，充满着诱人的色彩。走在未名湖边，看着博雅塔颀长的倒影在水波里摇曳，你会觉得一种浪漫和优越。当你流连校园，看着各种学术讲座的海报，你会感到，这里是青春和思想密集的地方，是学术的神圣殿堂；当你在讨论会上看到激烈而热诚的相互驳难、相互激发，你会感到，燕园充溢着一种探求真知的庄严感，一种对于智慧的执着和对于真理的坚守。燕园，有着北大人引以为豪的学术传统，耿介的操守，高洁的人格，谨严而独立的学术品质……

谈笑之间，一晃六年过去了。在这里我听北大师生畅谈理想、谈学问、谈人生、谈历史古今之事，自有读书人难得的人生幽怀。北大的教室有大、中、小三种类型，小的坐二三十人，中的坐三四百人，大的坐六七百人。天热的时候，席地而坐，一边擦汗，一边听课做笔记。天冷的时候，学生们拥挤着坐着，倒也温暖。北大仍是一块圣地。学术空气，精神的富足，雍容廓大的气象，丰博的学识，闪光的才智，庄严无畏的独立思想，以及严峻的思考、耿介不阿的人格操守与勇锐的抗争精神相结合，使得这更是一种精神合成的魅力。

印象最深的，当然还是北大的教授。每一位北大教授，因学术性格不一样，呈现的风格也不一样。梅贻琦说：“所谓大学者，非谓有大楼之谓也，有大师之谓也。”虽然北大如今已无什么“大师”了，但还是有一些学人值得怀念。

我在北大听的第一节课是陈平原先生的“现代文学”，他那一讲是巴金，气场果然十足。陈先生的课，在北大也是出名的受欢迎。他现场讲课，十分精彩，口才极佳。研究生的讨论课，有本科生来蹭座；限定本专业的课，赶不走跨专业的学生；选在小教室的课，不得不搬到大教室；教室里的位子提前被抢占一空，正点来的学生，便只好坐在窗台上、地板上。见我站着没座位，一位同是旁听的满头白发的中年女士，热情地给我搬来椅子。陈先生是广东人，说话带有方言，他把“1927年”说成“一九饿七年”，不过讲课气定神闲，台风很好，一气呵成，知识广博非一般年轻学者所能做到。于是在一个偶然的机会，我遇到了吴玉萍老师。那时他在二教教室里正讲“基督教与中国文化”，我便莽撞地闯了进去听。这一听就是几年。从先前追捧鲁迅、陀思妥耶夫斯基、存在主义，到如今醉心于老庄、佛禅、阳明心学和《圣经》，我的精神世界经历了冰火两重天的变化。

记得有一次去中国人民大学旁听，当我一人悄悄走进教室时，大家都抬头看我，像进来一个外星人似的。那个老师停下讲课，问我：“您是教务处的吗？”我很尴尬。可是在北大没有这种现象，北大的教室旁听生来去自如。我去的中文教室，有两三人的课很热闹。一个是作家曹文轩，一个是以研究艺术而闻名的朱青生。朱青生的课很让我吃惊，每次300人的教室都坐得满满的，估计一半以上是旁听生。另一个是北大哲学系杨立华的“《四书》精读”，好像是通选课，足足有500多人，很有氛围。有的是北大其他院系的学生，有的是清华、人大等其他学校的在校生，还有的就是像我这种在北大游学的职业“旁听生”。北大几乎任何一间课堂都对所有人开放。每个系的课程表基本上都可以查询得到。而讲台上的老师看见陌生面孔，也绝不会追问你的身份。图书馆、导师和讲座是“北大三宝”，除了图书馆不对旁听生开放外，你可以听到校内外名流在北大的精彩演讲、讲座，只要你有自信和才华，还可以与他们对话或辩驳。

在北大教授群体里，有一些有意思的学者，给我印象很深。先从北大哲学系开始，陈鼓应颇具道家风骨，激情飘逸；楼宇烈一身古风，参透禅境；王博，哲学天才，幽默诙谐；余敦康潇洒飘逸，玄味十足；周学农语透禅机，颇似高僧；李四龙机智诙谐，浑身透脱；朱良志，才华与悟性齐飞；杨立华先生俨然现代儒者，醒觉担当；张学智厚德载物，平和中正；张祥龙中西合璧，传承远古；何怀宏厚重深思。再说北大中文系，李零特立独行，钱理群激越回荡，曹文轩唯美细腻，吴晓东温文尔雅，钱志熙淡定悠远，王风隐逸沉潜，常森诗情充沛。再说北大历史系，阎步克的渊博，罗志田的学识。北大东语系王邦维的佛学研究旁征博引、贯通中西、妙语连珠、风趣幽默……

北大学习的几年时间里，我深深陶醉在北大深厚的文化氛围里。在我看来，北大是一个很好的思想平台，你可以在里面自由熏陶、自由听课、深入思考，渐渐地，你的精神状态就被激发了出来。以前和不少人的看法一样，我也在不自觉地拿“五四”时期的北大批评北大“失精神”，应该说，是有一些道理的。每个时代都有自己要直面的问题，“五四”时期的北大承担了民族兴亡的责任，让知识分子大放光彩，然而，凡事要务实理性地思考，考虑到北大如今的处境，我觉得就有些苛求北大教授了。如果盯着别人的缺点，你很难进步；如果抱着“窃火煮肉”的心态学习，你就会获益匪浅。

北大学习最大的收获是什么？如果用一句话概括就是：我感觉在精神上真正立了自己，回归到清静的本心，恢复了心灵的柔软，走出了S城，中和了鲁迅先生对我的影响。具体一点来说，以前我太爱文学，从而局限了自己的思考。通过学习国学和历史，了解中国传统文化，也更能了解我们的社会，看问题更全面了，自身自然得到提升。与一流学者——尤其是有思想家气质的学者“结缘”，是一种提高自己趣味与境界的“捷径”。与北大教授零距离靠近，无疑提升了我的精神视野。不仅仅是增加了知识，而且对自我、世界、生命有了新的理解。我在S城学的是“技”，而这个是“道”，我在北大学国学以后，之后心态变得平和多了，做事情不再浮躁，在现实生活中也有了操控自己的定力。雨果临终前有句遗言是：人生便是白天与黑夜的抗争！我深深明白，生活并不全是抗争。只有在一种张力之中，生命的价值才会有很大的展现!

北大诸师深入浅出的讲课艺术，特别是先生们开阔的精神视野、切入问题的方式、严密的逻辑论述，都让我受益匪浅。也是在此期间，我养成了良好的习惯，就是泡图书馆，冯友兰、汤用彤、张岱年、熊十力、汤一介等学术大家的书，为我所钟爱。

北大太自由了，这是身为北大人的幸运，也是我的幸运。假若不是在北大学习，我很有可能把一杯开水、一张报纸这样的日子当成自己想要奋斗的目标。六年以来我在这个园子漫步，逐渐接近和体悟这些真淳、敏锐、沉重的心灵，逐渐达到一种澄静、开阔、坚定、从容的境界。我觉得，一个人假如没有在灵魂的对话中感受到个体生命的成长，这种生命也是没有价值的。我有幸接触北大许多卓越的学者，他们吸引我的，与其说是学术成就和渊博学识，毋宁说是他们的精神的成长史。与这些心灵的对话，是我在北大求学期间最值得珍视的经历。

北大给我最大的教益是“性情”，北大师生都是性情中人。其次北大给我的一大教益便是“智慧”。当然在学术与文学、文化上，高于北大师生的大有人在，但这丝毫不会减弱北大的崇高地位。借助北大的学习，使我在苦难中升华。

我喜欢一个人在燕园漫步，秋色深沉，金黄的银杏叶飘落在小径之上，沉浸在一种静美空灵的境界中，与湖光林色融为一体。在我的心目中，北大极感性，就如同自己生命的一部分。

我必须走出和别人不一样的路

人生的成长并没有固定的模式可以引为榜样。就拿我来说，禀性内向，在风华正茂的十六七岁的时候，经常处于一种忧郁、寂寥的情绪之中。

在江南读书的时候，经常沉浸在曹雪芹、川端康成、郁达夫、王独清、顾城等作家、诗人营造的感伤意境里，怀着郁达夫所谓的“水一样的清愁”。应当说，这种情绪里面含着文学青年病态的成分，而我往往又把这种哀愁、孤寂、沉郁、感伤和惆怅的情绪加以诗意的夸大，使得自己对于这个世界产生一种近乎绝望的抗拒，这也很自然地决定了以后所走的路和别人不一样。

进入社会以后，其间目睹社会黑暗和人性堕落，唯美体验破碎，情感幻灭，深感人生苦痛和悲辛，对于人性怀有大悲悯，关注社会和人性，心灵处于愤激、紧张、对峙和反抗之中。由于深受鲁迅的持续影响，在生命哲学上反抗荒诞，承担虚无，拷问自己，逼迫自己精神成年，斩杀先前柔弱的自己，直面人生的残酷和人性的丑恶，在“失败”之中自觉，丢弃幻想，反抗“绝望”，重在“立己”，关注个体的尊严、价值和独立。

我在S城刚工作的时候，在一家事业单位，有100多人。和我同时一起进去的另外几个人，都是普通学校毕业的，但是有家庭背景。我们刚去的时候，基本上有了电话都是我站起来跑过去接，地上脏了我要打扫，其他人根本就不动身。非但如此，别人下乡采访跟领导，我自己一人下乡去基层，我没有怨言，而是把这当作一种锻炼。但是，接下来的几年时间里，我的努力让自己的状况没有改变。因为，要在S城扎根，必须靠人情关系。

在学校的时候，可能会觉得做人诚实是一种美德。离开学校的时候，做人绝对不要太俗，那样会失去自己。但是残酷的现实告诉我，不会变通就会碰壁。经过了几年后，就会发现只有那些完成世俗转变的同学摇身一变而成为“成功人士”，衣着不俗地参加聚会，而那些人品不错的同学则可能潦倒落魄地出现在你面前。其中滋味，令人深思。而我呢，既无意追逐潮流争做所谓“成功人士”，也不甘心做思想保守不敢冲破思想束缚的“好人”，我必须走出和别人不一样的路。我明白一个道理，不要太过依赖除自己以外的人，因为只有自己不会抛弃自己。

人们秉承了千百年来的古老的习俗，因袭着那些陈旧的生活规则，负担着种种重压，一如既往地生存、挣扎，以一种庸俗的、呆板的、毫无生机与创造的方式应对生活，在我看来，是极其可悲的事情。必须要打破，哪怕因此伤痕累累。在一个人的成长中，向外的征服与拓展固然也是必要的，但不能代替内心的真正壮大，只有向自己的内心去探求，一个人才会对自身以及外界有一个真切的感悟。内心敏感而丰富的人，时常耽溺于内心的对话之中，在各种心灵的羁绊中寻求解脱，在各种情感的困境里寻找慰藉，虽然增添了许多心灵的坎坷历程，但是也因此有了认识自我内心的良机。十几年间，我先后做过记者、自由写作者、网络写手、杂志编辑、专栏作家、国学教师、助理研究员等。足迹遍布北京、杭州、广西、河北、广东等。天地一人，孤独过客，半佛半耶，亦道亦鲁。跨越着失意、悲凉情调的“青春沼泽地”，就会像脱壳的蝉、出茧的蝴蝶一样自然而然地进入一种清明、理性、通达的境界，这是不需要急躁的，更不必强迫。对于我而言，拥有一个深刻、丰富、纯净、敏感的心灵世界，要比什么都重要。

在2011年的新年之夜，我蜗居家中独自默坐，外面是新春爆竹的喧哗。那个子夜，我心静如水，我在心里不断念着四个字——“感恩命运”。尽管我也曾对命运充满抱怨，可是在那个时刻，我终于领悟，尘世是唯一的天堂，我们不可能在尘世之外去寻觅或建造另外一个天堂。经过痛苦的煎熬，我学会自省，有一种如释重负的解脱和领悟，学会用更沉痛更深切的心态去观照社会，苦难需要超越，但更多的却是忍耐，正如诗人里尔克所说，“挺住就是一切”！

我向往自由的生活，自由的思考，自由的行走。永不放弃，永不绝望！

一个人活着，要有大境界。其实，没有钱、没有经验、没有阅历、没有社会关系，这些都不可怕。没有钱，可以通过辛勤劳动去挣；没有经验，可以通过实践操作去总结；没有阅历，可以积累；没有社会关系，可以编织。但是，没有梦想、没有精神家园才是最可怕的，才让人感到恐惧，很想逃避！

成长是一个漫长的历程，能时时感受到自己的成长的人是幸福的，他会时常以超脱的眼光来省视自身，感悟到自己的心灵境界一天天变得广大开阔。只有平庸的人才不会觉察自己的成长，才会对自己内心的一切生动、精彩、丰富的开展无动于衷。

一位哲人说：“人生就是一连串的抉择，每个人的前途与命运，完全把握在自己手中，只要努力，终会有成。”我一直觉得，在我有限的人生中，来北大学习，是我作出的最正确、最有意义的决定。我带着饱满的情感与意志，在这所中国最著名的大学里遨游，尽情享受着知识和智慧带给我的洗礼，觉得人生真的很幸福！

要把自己当成泥巴不断地“揉”

有这么一所大学，人人都得去上，那就是“社会大学”。人一旦踏入社会，就成为“社会大学”的学生。如何能在社会里拿得起、放得下，能够立起来，没有别的出路，只能接受社会的历练，把自己当成泥巴不断地“揉”。

初入社会的年轻人，要体会老子所说“光而不耀”的含义。人，只有把自己放低；才能更好地保存和发展。自满，往往使一个人活得比尘埃低；谦虚，常常能使一个人的心灵远比世界还大。

我从小出生在乡村，小时候没有电视，小孩子一天到晚在外面玩，游戏很多。

男孩子和女孩子不一样，女孩子最喜欢的是跳橡皮筋，男孩子最喜欢抟泥巴玩。读小学五年级前，我们小朋友经常用泥巴做成泥灰炮玩，比谁能打得响，比谁泥灰炮中间的洞口打得大。我很想一直赢，怎么办呢？那时我经过反复“研究”发现，泥土的好劣决定输赢。因此，必须找到好的黄胶泥。我发现，水塘下面的黏土，有韧性，可以做得很薄，打起来就非常响，而且洞口很大，做出来的泥灰炮质量最好。掌握了用黏土制作泥灰炮的方法，我制作的泥灰炮一直赢到最后，是孩子群里最知名的高手。我记得小时候用它摔瓦屋，用泥巴捏成碗的形状，然后举高，用力地摔一下，碗底就会有一个向外喷溅的洞，然后对方就会拿自己的泥来补。

其实，长大以后，才发现人生也是一个相同的道理。很多时候，要把自己当成泥巴不断地“揉”，而不是把环境“揉”成自己想要的模样。刚开始工作做记者那阵，不停地采访，不停地应酬，不停地写稿，不会喝酒学喝酒，不会写稿苦学习，任劳任怨，一心想融入社会，获得别人的认可，想从这一个职业开始做成事业，别的不说，先找一份工作养活自己，然后沉淀下来，学习和观察社会，积累人生和创业经验，用自己在这个工作中学到的经验，慢慢地开创自己的事业。后来到了北京，又是同样的忙碌。生命总是会有机会的，抱着一种良好的工作心态，先从最基础的做起，锻炼自己的能力、心胸，最后总能成长起来。有时，一个男人要经过环境的压制才会变成熟，所以可以说是那些环境造就了你的优秀。

人与环境的关系，正如水与容器。容器可以改变水的形状，水也可以改变容器的外形。人可以适应环境，即环境塑造人，也可以改造环境，使它适应人的要求。但无论如何，要谨记一个前提：想要改造环境，必须先要适应环境。一个远离环境的局外人，又怎能改造环境呢？

《笑傲江湖》里面，岳不群在回答他夫人为什么对令狐冲绝情时，说了这么一句话：“江湖风雨，吹打得别人，就吹打不得令狐冲吗？”

尤其在中国，历史悠久，人际关系比较复杂，假若你连一点委屈也不能经受，会让人觉得你这个人很不成熟，没有历练，不能把事情做成。

一个人成长的过程，是一个不断在失败中寻找与把握机会的过程，所以说，没有绝对的失败和胜利。俞敏洪生命中的两次重大“失败”是：第一次是他的高考。英语才得了33分；第二年他又考了一次，英语得了55分，依然是名落孙山；他坚持考了三年，最终考进了北大。另一次刻骨铭心的失败是他的留学梦的破灭。20世纪80年代末，中国出现了留学热潮，他的很多同学和朋友都相继出国。1988年他托福考了高分，但就在他全力以赴为出国而奋斗时，动荡的1989年导致美国对中国紧缩留学政策。以后的两年，中国赴美留学人数大减，再加上他在北大学习成绩并不算优秀，赴美留学的梦想在努力了三年半后付诸东流，一起逝去的还有他所有的积蓄。为了谋生，俞敏洪到北大外面去兼课教书，因触犯北大的利益而被记过处分。

俞敏洪也有一个著名的“面团”理论。他说道：“一个男人的生命意志是怎样长成的？起先，年青的时候，人就像一堆面粉，洁白、纯净、好看，但没有黏性、韧劲儿和分量，一阵风过来，就能把你给吹散了。后来，公司内外、社会各方、黑白善恶、雅俗圆钝，各路神仙、各种力量都加入进来，就像往面粉堆里掺水、使劲搅和、揉捏一样，反复这般，纯洁的面粉就慢慢地被揉成面团了。这时候，开始有了韧劲儿、弹性、张力和分量。继续揉下去，就可成拉面了。一旦成了拉面，那么，开水煮你都不容易把它给煮烂了。一个男人的长成，从面粉到面团最后到拉面，不过如此而已！”

对于他来说，失败和痛苦是人生最好的机遇。有人问俞敏洪：你“认为新东方给学员们最大的优点是什么？”“勇敢地面对任何困境，保持乐观的心态，并且坚持到底。”老俞的回答干脆利落。有人就继续追问：“现在的孩子们普遍缺乏心理抗打击能力。你怎么看？”老俞回答道：“人在各种能力之外，还需要具备一种能力，这就是心理承受能力。什么是心理承受能力？老俞就又举了那个著名的“面团”的例子。

被某种东西锁住的人是最痛苦的

长期以来，我们一直流行这样一种观点：说什么“知识改变命运”。这话没错，但把握不好其中的度，甚至会误人子弟。它夸大了知识、博学、思想和理念的作用，捎带着也就夸大了知识传授者的意义；却低估了行动的意义，更严重低估了行动者的艰难。北大教授楼宇烈先生曾说：“能说不能行，不是真智慧。知识不等于文化，文化不等于智慧。”

六祖慧能在《六祖坛经》中说：“下下人有上上智，上上人有没意智。”意思是说，很多生活在社会最下层的人，他们的天性和他们的心性，往往符合了自然之道。而那些身居高位的人，表面上有知识、有学历、有事业和成就，但是他们内心深处充满了烦恼与痛苦，内心是焦躁的，不一定合乎于道。仅仅有知识，没有转换知识的能力，这是有问题的。佛法的观点看来，有知识见解而没有开悟的人，是“我执”和“所知障”。仅有理想、知识或爱心还不够，必须还要有智慧，处理问题时坚定、冷静和执着，紧要关头，挺身而出，当仁不让，担当起对这个民族乃至人类的责任，直至为之献身。

2005年5月，那时我来北京香山漫游几日，还没有正式在北大学习。闲来无事，我第一次来北大中文系旁听，就听到北大中文系2003级一位女生自杀的消息。记得，刚好诗人、学者林庚先生过大寿，北大中文系教授常森在讲课时就沉痛地说，“太令人心痛了，有什么想不开的呢？我们北大有些学生自私”，有人称在北大BBS匿名版找到了这名坠楼女子发过的遗书，这篇遗书上写道：

我列出一张单子
左边写着活下去的理由
右边写着离开世界的理由
我在右边写了很多很多
却发现左边基本上没有什么可以写的
回想二十多年的生活
真正快乐的时刻，屈指可数
记不清楚上一次发自心底的微笑是什么时候
记不清楚上一次从内心深处感觉到归宿感是什么时候
也许是我自己的错吧
不能够去怪别人
毕竟习惯决定了性格
性格决定了命运
我并不是不愿意珍惜生命
如果某一时刻你发现活下去
二十年，三十年
活着，然而却没有快乐，没有希望
不愿去想象
还要这样几十年下去
去接受命运既定的苦难
看着心爱的人注定的远去

越来越不堪忍受的环境
揪心的孤独感，年轻不再
最终多年以后一个孤苦伶仃的可怜老人形象
没有亲人，没有朋友，苟延残喘活在过去回忆的灰烬里面
那又为什么不能够在此时便终结生命？
不用再说生命的价值了
……

读过这封遗书，我陷入沉思。诚然，人与人之间缺少交流，自私、冷漠、冷嘲、浓重商业气息浸透校园，感情无所依托，难道这些就是终结生命的理由吗？也太脆弱了吧？！

我不得不说：她没有明白生命的价值到底是什么，她是否太自私了？所谓的爱情，就是一切吗？但扪心仔细一想，自己像她这样年龄的时候，特别是进入工作的几年时间里，又何曾比这个学生成熟和理性呢？在她这个年龄里与她一样，缺乏对丑陋生活的担当能力，苦恼和彷徨袭击着心灵，只能任那虚无吞噬自己，往往为匮乏无聊的人和事击中，不知道怎样去应对，灵魂惊惶！

有死的勇气，为什么没有活的勇气呢？我无权评论一个已经死去的人，自杀是她的权利，毕竟不是每个人都有勇气自杀的，只有真正热爱生活、珍惜人生的人，不愿意苟活着的人，才会最终用自杀的办法结束悲剧的人生，这一点上她比我有勇气，比许多自诩看破人生、游戏人生的人有勇气，像所有平庸的凡人一样，我依然苟活着。世界是荒谬的，人生是痛苦的。绝望是因为没有立足于“去蔽”以发现“真相”。如何面对“真相”，才是需要思考的。是的，上帝死后人们还需要“上帝”，孔子走后人们还需要“孔子”。终极关怀在现世（孔子）也好，终极关怀在彼岸（上帝）也好，关键在于人类自身。

北大法学院教授朱苏力，曾以电影《天下无贼》为例，剖析

如今高校的教育，引人深思：

影片中，傻根忠厚老实，对所有人都没戒心、不设防。怀了孕的女贼（刘若英）突然良心发现，想保护傻根，生怕他了解了生活真相，失望、受伤或学坏，愿意他“永远活在天下无贼的梦里”。男贼（刘德华）则认为，不让一个人知道生活的真相，就是欺骗；生活要求傻根必须聪明起来；而一个人只有吃亏上当受过伤，才能重获新生。他强悍地反问：“‘傻根’他凭什么不设防？他凭什么不能受到伤害？凭什么？就因为他单纯，他傻？”

今天不少父母、老师更多偏向于刘若英。不是不知道生活有阴暗面，但怕年轻人学坏，不让他们接触，最多来些话语谴责。而我，还有自杀的那个北大中文系女生，或许就是这种刘若英式的“人性本善”教育影响下成长起来的，天真地以为“人性本善”，充斥着这是此善彼恶的说教，眼里容不得“恶”人，其实，我们都是另一些傻根！朱苏进而提醒道，过于纯洁、单一、博雅或“小资”的教育，一方面让人太敏感、太细腻，一方面又会让人太脆弱。考试不好都“很受伤”，求爱被拒就自杀，求职受挫就出走，比如前些年出走一直没回家的北大研究生，更别说其他了。瓷器太精致了，就没法用，也没人敢用。生活中谁还没个磕磕碰碰？！

这其实也是我的经验之谈，以自己“失败”的体验来佐证的，以前遇到挫折，缺乏应对的能力，也曾抱怨过、批判过和愤激过，人处于困境有些牢骚可以理解，也是疏导情绪的必要方式，但不能陷入其中出不来。一边是世俗人生、现实社会，一边是心中的理想，我为了将这两方面趋于平衡一直比较劳累，很多时候都处于复杂的感情纠结中。

世态有时候就是很炎凉，人性有时候就是很丑恶。若不想处处碰壁，就必须理解“人性”。主动洞悉社会，而不是让社会来洞悉你。学会接受“不合理”的一切，学会和“厌烦”的人相处，当方则方，当圆则圆，见人只说三分话，不可全抛一片心，守住自己的秘密，更要守住他人的秘密，不要用情绪化的方式和他人说话，可以被利用，但不要让人把你当枪使，要适当，要懂得“卑躬屈膝”，不显山不露水，睁一只眼闭一只眼，坦然接受不完美的现实，并及时调整自己，多给别人和自己留些生存的空间。

这不是教人诡诈，人性之恶不得不防，认清自私是人的本性，才能免受自私的伤害，真诚和善良也要有限度，小心当面捧你背后踹你一脚的人，不要拿君子之心度小人之腹。

生命需要自己去承担，命运更需要自己去把握。生活中，面对困境，我们常常会有走投无路的感觉。不要气馁，坚持下去，要相信年轻的人生没有绝路，困境在前方，希望在拐角。想要卓尔不群，就要有资本。忍受不了打击和挫折，承受不住忽视和平淡，就很难达到成功。年轻人要想让自己得到重用，取得成功，就必须把自己从一粒沙子变成一颗价值连城的珍珠。

中国教育，在现有教育之外，还要培养挫折教育，很多学生，在家里“饭来张口，衣来伸手”，从小娇生惯养，真正面对现实生活、面对竞争时，缺乏洗礼和磨砺，心灵变得过分脆弱，如何从容面对挫折的考验？从成长的教育来看，受点儿挫折、受点儿误解对自己不是坏事。

找个能打磨自己的环境

一个人在成长的过程中，不仅需要帮助你的贵人，打击你的小人，而且需要批评你、打磨你的人，这样你的问题才能及早暴露。一个人在成长的过程中，要积极地适应环境的打磨。不少人都有过这种经历：不满意目前的工作，总想着跳槽或是去尝试其他的工作岗位，这样做的结果往往是忽视了自己的问题。

一位朋友后悔地对我说："当初我悔不该一时冲动选择了辞职，所以才落得今天这个样子。"

我问他："当时你的家人朋友都没有劝你慎重考虑吗？"

他说："他们都一个劲地劝我，可我就是不听。"

我问他："为什么呢？"

他说："我实在厌烦了原来的工作环境，人都那么坏。"

进而愤愤不平道："他学历能力各方面都不如我呢，凭什么拿得比我多？"

情绪冲动的时候，所作的决定往往不理性。等后悔当初决定时，已经晚了。要想对一件事情有一个全面与理性的认识，就必须隔一段时间再来回顾它、审视它。

来北京后，有段时间我辞去了某杂志社的工作，搬到中关村附近住，并在这里寻求新的工作机会。中关村是一个廉价高等教育人才市场。这个大环境决定了前来求职的人在用人单位眼里，都是金属，而不是金子。在这里，大学生甚至北大学生就是廉价劳动力，商人看刚毕业的大学生的感觉，和建筑工地上包工头看民工的眼光没有任何区别。我也来这里找工作，简历投了很多份，才勉强找了一份工作。工作形势非常严峻。尤其是对于刚毕业的学生。我不是北大学生。我更不敢狂。比如刚到公司，要做的也就是跑腿的活，有时为了找一个客户，要反复折腾很多次。心理脆弱的，根本无法承受住。回忆起工作的日子，印象最为深刻的是除了忙碌之外，还有挨批。

杂志主编平时对人关心，但是做起事来要求严格。刚到这个杂志社的时候，工资比较少。更要命的是，杂志社的同事排挤外来人，我的压力很大。两个月后，我有点沉不住气了，做事有些不在心。他就说："社会竞争激烈了，求职的人太多了。北京的工作很难找，你要珍惜。"由于立足未稳，我只得隐忍。半年以后，我在杂志社确立了自己的位置，还经常受到领导的表扬，工资也提高了，但是很艰辛。当初，我在S城也是如此，干活最多，付出很多，与自己的收获不成比例。在某些情况下，双方的对错往往是很明显的。但是，错的一方撺掇着告状，我就找人评理，这反而会给别人一种感觉：你这人心胸太狭窄，太爱斤斤计较了。虽说道理站在你这一边，但绝对没有人站出来维护你，他们最多也就是对你表示同情而已。两种工作环境虽然不同，但是实质其实一样，你都要面对那些相似的人和事，不同的是，面对的方式不同。

也许很多人都有过这么一种经历：某个同事和你素不相识，可初次跟他打交道时，他却以一种很不友好的态度来对待你，搞得你莫名其妙。类似情况时有发生，基本可以认定，这个人曾被这样对待过。人是环境的产物，无不留下环境的影响。环境中的人都是自私的，没有谁会因为你而去得罪其他的人。所以在自己的利益与人格受到侵犯时必须据理力争，能否胜过环境的考验全得靠你自己。

我们是一个以人为主导的社会，而西方是一个以规则为主导的社会，或者说在我们这个社会，办事要靠人。而在西方，办事要按照规则。首先得承认一点，一个人不可能跟所有人都把关系搞好。像有些人觉得你比他有才华，你的学历比他高，你比他有能力等。在某些方面的对比中他是处于下风的，那么这就很容易使得他对你产生敌意。在一个追逐利益的工作环境中，很多善良的人，出于自我保护，渐渐地也开始变得唯利是图起来，有时会因为一些利益上的冲突和你发生不愉快，会使你因此而闷闷不乐。但你得明白一点，这个就是社会，既然有好人，那么也就一定有坏人；既然有君子，那么也就一定有小人。别人做什么那是他的自由，你也管不住。

确实，社会很现实，也很残酷，但我认为无论处于什么环境，自己都不应该放弃希望。其实，在北京的几年时间，我也是都市无数蚁族中的一员，租住着简陋的房子，干着低薪的工作。但我依然满怀着希望，希望自己终究会有一天会走出低谷，出人头地。现在大学生找工作的压力确实很大，而且即便是找到了工作，也要面对一系列的问题，比如生活开支、职场人际、个人情感等方面，常常会为一些事情愁得吃不香、睡不好。但这就是生活，它不是电视剧中描绘的那般风花雪月，它是风风雨雨、磕磕绊绊的。我还想说的是，通过读书，你取得了文凭，找到了工作。也许你过得并不顺心，但至少你可以不用回家种地，不用去工地上做苦力，不用去血汗工厂出卖劳动力。你之所以认为读书无用，乃是因为你的预期与现实差得太远。记得一个朋友曾经说过："知识仅仅只能改变命运，它并不能扭转命运。扭转命运要靠智慧，知识不等同于智慧，因为知识只能帮你解释许多现象，而智慧能够帮你解决许多问题。”

如果因为无法适应环境更复杂、更严苛的要求与训练而逃避，只能让你丧失一次磨砺自己的机遇。当你变得只是遵行，不踌躇、不抗议、不厌恶，而是动用自己的智慧解决问题的时候，才能达到目的。可惜很多人没及时恍悟这个道理，他们简单认为靠改变环境来改变自己的人生。

通过环境的训练，我对自己了解了很多。我有一个特性，会抗拒我认为是不公平的事情，会对我认为是不合理的事情而起烦恼。经过了北京工作的训练，我开始正视这个习性，在面对人生时，少了些自我中心。我尝试去了解事情为什么会如此发生，但不会被它所困扰，也不会感到太丢脸。刚开始在北大学习时，有些不自信，然而经过了这训练，我会把那种状况当成是一个修行、学习的机缘。所以，我感谢环境，是它让我明白了自己的问题在哪儿。

成功是靠改变人生固有模式取得的

有两种思维模式，一是改变，一是固守。改变者注重成功的方法，而固守者注重成功的结果；改变者善于造势，而固守者善于明势；改变者苦中作乐，而固守者安贫乐道；改变者相信自己，而固守者过于相信机遇和命运；固守者一心想的是如何吃饱穿暖，而不是想怎么去发展，使自己的生活发生质变，也就只能一辈子固守贫穷了，真正缺乏的是一种远见卓识的思想。

努力和毅力要放到正确的方向上，否则，即使付出再多，付出的时间再长，也是缘木求鱼。

前不久回到在S城，听到我讲起北京的生活节奏，有人就说：“你在北京打拼那么忙碌，真的好苦啊。”

我说：“其实要说我苦，那是在这里工作的时候，我在北京活得很快乐，你看到我苦，实际上是你的错觉啊！”

因为我每天都有要做的事情，有新知识需要充实，我很高兴天天有如此多的事，可以让我成长，即使日复一日如此，我也不以为苦。

苦与乐的差别，往往在于认知的不同，同样的经历、同样的环境、同样的生活，只要观念转变，你的苦就得到超越了，不再觉得自己老是在做苦差事。现在的生活，与S城完全不同，忙得开心，累得愉快。

究其原因，人生固有模式改变了。如果观念不转变，即使环境再好，还是活得苦不堪言。当年，我没有按别人的路走而是想离开S城，有三个方面的原因：

第一个原因，我做了新闻记者，并且在中国的基层做了近七年的记者，就觉得既然做过了，就拥有了一些人生阅历了，即便再做下去，似乎也没有什么意义，每天都是写写稿，到处走走，与各种人交流，感觉心态老是浮在社会的表面。那时我想研究中国的农村、农民与农业问题，再后来又对政治制度、中国历史产生了兴趣，最后对鲁迅有了很深的认同，认为改革中国社会的关键根底在于改变国民性，这样一来自然就对信仰和国学有了兴趣。可在S城，身边的人都是热衷在官场遨游的人，于是，我萌发了想走出S城的想法。

第二个原因，由于我不善于和人打交道，整天处于人际关系的纠缠中感觉心累。和同事之间的工作感情也不怎么深厚，这些都是我在S城继续发展不得不面对的困难。

第三个原因，经济上的落差。如果说没有对比的话，肯定我就安心留在S城工作了，因为我不知道到外面发展的甜头是怎样的。我有一次给广州一家杂志社投稿，一篇一千多字的稿件，稿费居然1700元，而S城的写稿者每一篇新闻稿才15元左右，对我来说很震撼，要知道，那时我一个月的工资还不到这个数目。听一个网友说，沿海等地月工资都在5000元以上。我的心里再也不安分了。尽管我天性不太爱冒险，甚至有些保守和畏惧，但是我不太喜欢墨守成规没有变化的生活。S城给我个人的自由空间实在太有限了，一年到头都是没有意义的忙碌，这种生活就是温水煮青蛙——慢性自杀。自从读了鲁迅，一种强烈的自由意志支撑了我，眼前死气沉沉的生活已经严重不符合我的个性。为了理想，也是为了提高我的经济收入，我怀揣着即便失败也要试一试的想法从S城出来了。

人有惰性，都习惯于接受安逸的生活，按照很多人普遍接受的惯性思维去思考，走别人走过的路，做别人做过的事情。但是，真正的成功都是靠着改变人生固有模式获取的。所以说，适当地改变一下，你的人生就可能与别人不同。

通常我们会发现周围有很多这样的人，他们不是把时间用于工作、学习和上进上，而是放在斗心、斗嘴、斗人、攀比、等待、讲闲话、抱怨、喝酒、打麻将上，空耗光阴，心灵空虚，终于一事无成。

我在S城，经常遇到一种人，无论我说什么改变现状的设想，他们总是排斥、担忧和打破，一开口就是“这也不行，那也不可……”至于他自己呢，看人家发财了他想发财，看人家升官了他想升官……总之，我从他的话里听出来了，安于现状就是他最大的想法，等他身边的人有钱了，他又哀叹起自己的命运了。这其实是一种典型的“穷人思维”，认为自己一辈子就该这样，不相信会有什么改变，更不敢改变。穷人的圈子大多是穷人，也排斥与富人交往，久而久之，心态成了穷人的心态，思维成了穷人的思维，做出来的事也就是穷人的模式。穷人因为自身的卑微，缺少安全感，就迫切地希望自己从属并依赖于一个群体。但是，他们除了屈从于一种体制以外，根本不敢挑战自己的人生模式。性格形成习惯，习惯决定“失败”。

禅宗史上有个著名的公案，叫“磨砖作镜”，值得揣摩。

据说，马祖道一坐禅学道好几年，并未开悟。南岳怀让禅师为了开悟他，特在他面前取砖而磨。此举引起马祖的疑惑。待马祖问怀让禅师磨砖做什么用时，怀让知道机缘成熟了，就说道：

“磨砖既不能成镜，坐禅岂能成佛。”经过机语点拨，马祖道一于言下顿悟。

很多时候，可能不是我们不够勤奋，也不是天资愚钝，只因为在一个变革的时代过于安分，思维模式不变，导致我们不能成功。

通常，我们中国人做事做人讲究中庸，但很少有人把握其中的度，太急、太锐固然不好，老是讲究平稳也不好，反而缺少破釜沉舟、超越的激情。压力也不是坏事，反而提醒自己要有“危机意识”。当年我对自己说：“如果现在我不努力改变人生模式的话，未来的路可能会变得更难走，甚至会无路可走。”事实证明，原来的单位进来了很多年龄小的人，竞争压力加大，每个人都感觉到了。凡事都要未雨绸缪，及时调适自己，这样一来，反而是前行的助力。

我时常有一种人生无常的感觉，因此能够做的、应该做的就赶快做；能够与人结善缘的，要好好地多与人结善缘，不知道什么时候就会面临死亡，所以要好好珍惜机会。

把自卑心态、狂妄心态打掉

在影响自己的诸要素中，自信是首要因素。有自信，才会有成功。

自卑是一种消极的自我评价或自我意识，是一种危机心态。自卑是束缚创造力的一条绳索。一个人要想改变自己的命运，最重要的是自信，要始终相信自己。自卑是成功的敌人，使我们变得胆怯、虚弱，也使我们的人生脆弱，经不住生活的风雨。

自信自然是不错的，但是过火的自信其实就是自卑。自信的人似乎很多，但仔细观察便会发现，很多人不过是把自信建立在别人自卑的基础上罢了。

其实，自卑心理每个人或多或少都有，并不能说明什么问题。一个人在成长过程中，特别是幼年及童年时代，如果缺乏成功的经验，信心就会相对薄弱，而自卑心就随之加强，最终成为个人社会化的障碍。自卑感过重的人，很害怕输给别人。

有一次，我在北大中文系教授吴晓东的“沈从文研究”讨论课上，听一个学生分析沈从文的自卑情结，觉得很有道理。当年，自负的青年沈从文满怀希望奔赴北京。然而一下火车，都市的气势就给予他巨大的震慑。接下来，作为“北大旁听生”的沈从文辗转北京，除了精神的窘迫之外，也没有固定的经济来源，经常到同乡、朋友处蹭饭，人生最低需求层次的窘迫是最难忍受的。为了寻求理想，沈从文天性讲究尊严，“人虽是一个动物……但是人究竟和别的动物不同，还需要活得尊贵”！但是，在巨大的生存压力面前，加上没有什么学历，何谈尊严呢？于是，沈从文产生了自卑心理。沈从文的这种心理，郁闷、愤懑、不服气、自卑，促使他永远不安于现状，永远企求超越，一定要达到第一流的地位，终于成为了优秀的作家。我在北大旁听时，刚开始也自然有这种隐约的自卑心理，老是怀疑自己的才华，时时鞭策自己，向北大教授学习，向北大学生学习，努力超越他们。有一次，通过何怀宏先生的课下讨论，我认识了一名北大学生，他刚开始倾听我的见解，很是钦佩，不过当他得知我是“北大旁听生”时，神情一下就改变了。我觉得，太过于执着北大学生的名号是很有问题的。著名学者赵园毕业于北大中文系，她就曾说过，北大人有一种自恋的文化心理。

北大人确实有着或多或少的“优势”，这或许也是某些北大学生的自负、狂妄的原因吧？从一代名士、才高狂傲的刘文典，“北大怪人”辜鸿铭，一代大儒梁漱溟，再到马寅初，北大孕育了很多“狂人”“怪人”，但这类人总的特点就是注重节操、不畏强暴、不媚时俗、高卓不群，而不是“唯我独尊”。北大的学生优点很突出，一般比较崇尚个性发展，心气高，善于独立思考，这些都是非常好的。不足之处，难以俯下身子从点滴踏实做起，结果是到了社会上很清高，把社会和别人看得一无是处，和什么人都难于相处，那样的清高和任性，是需要畏避和摒弃的。诚如原北大中文系主任温儒敏先生所说：“北大的毕业生更应当有改造社会的志向，目光放远，从长计议，不尚空谈，从自己做起，一点一滴来改造和建设中国社会。”

在北大旁听时，我认识一个北大法学研究生。那是2009年，在一次讲座结束的时候，大家在一起讨论问题，同时还有十多名北大学生，他侃侃而谈，别人插不得嘴，都洗耳恭听。当有个学生发表意见，他当即打断，给人狂妄的感觉。当时，还有一名学生，我问他："你听过他的观点当时的感受是什么？"这名学生说："同为北大学生，他很有见解才华，我有一点点自卑，但不强。"

一年以后，两个人都毕业了。

这位当时有点自卑的同学当了律师，由于踏实的工作和认真的精神，他克服了不自信的心理，很快立稳了脚跟，年收入将近20万元。

我在网络上跟他聊天，问起那位有些"狂妄"的同学时，他说："出事了……"

事情原来是这样的："狂妄"的男同学毕业后，进入社会工作，刚开始很不理想，很不顺利，再加上那年冬天，女朋友意外怀孕了。当时他急着筹钱，但却不敢开口向母亲要钱，母亲已经辛苦至极，不想再给她压力，那样是不孝顺的。不久后，女朋友告诉他，她已经一个人做了人流手术，并且要和他分手。这下子急坏了他。于是，他整天想着弥补对女朋友的亏欠，陷入焦虑之中，大约也是从那天开始，他的心态发生了转变。当他得知，同时毕业的北大学生，一月的收入要比他一年挣得多时，他很自卑。残酷的现实泯灭了他原本单纯的良知，人性剧烈扭曲，他切身体会到金钱极为重要，没有钱什么事都办不了。于是，他居然干起盗窃的事……

自卑心态、狂妄心态是两种极端，都不符合佛家的中道、儒家的中庸，应该尽力避免。不通晓人情世故，不懂方与圆的奥秘，过分坚持原则，爱走极端，就会把原则抬高到一个不适当的位置，结果适得其反。任何新生事物总是以异于传统的面目出现，不能学会宽容和权变，就很可能会成为一种妨碍进步的力量。

俞敏洪有一次在北大演讲时曾说："其实我是个很自卑的人。20多年前，我从江苏农村考上了北大，我性格内向，本来就不善言谈，再加上不会说普通话，我不敢开口跟人说话，整个人就被自卑笼罩。"大三时，俞敏洪得了肺结核，休学一年治病，命是保住了，但这场病让他更加自卑——因为他是个肺结核病人。治好病返校，他随了下一年级。因为内向、自卑，老班认识的人不多，新班中认识的人也不多。20年后，同学们回北大聚会，班上很多人不认识他。大学五年他不敢和女同学说话，也就没谈恋爱。刚毕业，俞敏洪一直在折腾出国，结果没弄成。

但是俞敏洪之所以是俞敏洪，那是因为他有毅力，凡事不放弃，坚持不懈，他靠着这些优秀的品质战胜了自卑。

毋庸讳言，我也有点自卑心理。在读初中的时候，不爱上体育课，害羞内怯，开始暗暗喜欢班上的女生，可是越喜欢就越觉得自卑，越来越孤僻，看到女生就会害怕，不喜欢和别人交流，没有朋友。那时有点自卑：觉得自己成绩不够优秀，不够高大，觉得自己不够让人喜欢，担心别人不在意自己，同时又很渴望能够得到别人的注意，渴望得到别人的认同，因此，这份渴望越强烈，我就越孤单。其实，只要想想就可以知道，这个世间又有谁是完美的呢？我自有自己的优点。多年以后，我克服了自卑的心理，走了出来。认清最真实的自己，尤其是认清自己的优点、缺点，甚至是可憎之处，用心去了解自己与别人的差距、自己的缺点以及别人的优点，才能够取得成功。

保持一种独狼的战斗精神

有人说，要多一点人性，少一些狼性，这要看什么境遇。

在对手如狼十分热烈的生存处境中，鲁迅先生就不得不保持“野性”——拥有一种随时准备为自由而殊死搏斗的难以驯服的野性，他十分欣赏青年作家萧军身上的“野性”，他自己则成了一只荒原野狼。鲁迅又是一只特别容易受伤的狼，许多的时候，只能面对无边的旷野，发出自己的愤怒与悲鸣。鲁迅还是一只勇于解剖自我的狼，生命不息、奋斗不止的狼。鲁迅小说中的狼具有多种意象，既指吃人的封建礼教，愚昧麻木的国民，孤独彷徨的知识分子，还象征勇猛善战的“复仇者”。

王育琨先生是一名研究企业家思想的学者，他曾在北大演讲时，讲了这么一个故事：

那是一次西藏无人区的探险。一天早起，先进行了一个两个多小时的急行军，紧接着来到一个陡峭的大坡，长度有近2000米，坡度有六七十度。这是考验人的耐力和体力的路段，每一步迈出去，都十分艰难。

我一步一步走着“之”字形，登上了顶。回头一看，一位企业家登山友在200米开外的地方艰难地爬行着。我看17岁的背夫贡觉吐旦站在我身边，就跟他说：

“贡觉，要不要去接应一下他？”

贡觉吐旦抱着胳膊看着他淡淡地说：“大家都是一条命，都是出来锻炼的。要走出去，只能靠他自己的生命力！”

我愣住了。这些天贡觉跟我一直很铁，我的求助只换来一个“生命力”！

后来那位企业家两小时后登上山，我都有点不好意思地躲着他。可是他却被一种狂喜紧紧地裹挟着，根本无暇关注我内心的纠结。他看到我们后既激动又开心，与我们一个个地拥抱，拥抱那些藏族背夫。从他夸张的动作中，分明看到了他为自己克服了巨大的困难终于登顶的自豪。这种自豪和狂喜是贡觉吐旦给他的。如果真有人下去接应他，他会失去成就感和乐趣，他上来后，只会对我们说：“对不起，耽误了你们两个小时的行程。”

贡觉吐旦给了这位企业家自尊，而我却险些毁掉了他的自尊！

在布满原始森林的大山里，在大自然的严峻环境里，只崇尚鲜活、顽强的生命力！而生命的堆积物却无足轻重。在事物上有太多理性的堆积物，如词语、概念、意见、评价等；在生命上也有太多社会堆积物，比如财富、权力、地位、名声等。天长日久，堆积物压扁了生命力，悄然夺人生命。

在城市的喧嚣中，我们这些文明人，却不能像贡觉吐旦那样把生命力与生命的堆积物区分开来。贡觉吐旦的生命力视角，不只可以看人生，更可以看公司。

三十多年了，一些人一味外求，求了许多生命的堆积物，把生命力都压扁了，从今以后该向内求了。不要为堆积物耀眼的光环所迷惑而不知所措，要关注公司一个个业务现场的创造力和生命力。

王育琨所言，正是道出了一个道理，我们太多的人没有了独

狼的那种“野性”的“生命力”，软绵绵的像只羊！在普遍的文明化和社会化的过程中，我们让自己的野性退化了。

一位生物学家在澳洲的高原上研究狼群，发现每个狼群都有一个半径15公里的活动圈。把三个狼群的活动圈微缩到图纸上，便会发现一个有趣的现象：三个圆圈是交叉的，既不隔绝，又不完全相融。狼群在划分地盘时，留有一个公共区域。相交部分为它们提供了杂交的可能性，不相交部分又使它们保有自己的独立性。当活动圈重合，狼群则厮杀；活动圈相离，狼的野性则退化。

一个大狼群中，有一条狼总喜欢独往，经常冒险，但又非常聪明，几乎每次出发都能捕得猎物。有一次，它胆大妄为，在大白天便潜入到有人放牧的羊群中。它利用中年猎人与猎狗休息松懈的机会，借助草丛、灌木做掩护，潜行到羊群的附近。突然一个急冲，便扑倒了一只羊，迅速掏开腹腔，吞食起内脏。眨眼工夫已经把肚子撑得圆了起来。待牧羊人反应过来时，这条狼开始逃跑，但它被包围了。这时狼弓腰收腹，吐出了一部分刚刚才吞下去的鲜肉，减轻了自身负担，然后猛回头，再次冲向羊群。羊群吓得四散奔逃，干扰了人和狗的视线和去路，狼终于又一次成功逃脱。

社会这个人造丛林犹如非洲的原始大森林。每个人都为了自己的利益殚精竭虑，不择手段。狼的个性不同，所拥有的地位也不同。每条小狼在开始学习生存技能时，总会被培养成与众不同的个性，而每种个性都会为整个狼族的生存贡献着不同的力量。

动物世界的这种普遍现象，也许是一种代代相传的本能，但它却能激励人类仿效，在现实生活中，借鉴这种智慧。

励志大师奥格·曼狄诺曾说：“每个人都是自然界最伟大的奇迹。”每个人都是独一无二的，自来到这个世界开始，上苍便赋予我们无穷的能量和禀赋。它激励我们超越自己，使自己的个性充分发展，因为这是得以成功的一大资本。

缺乏危机意识的人，其生存意识越薄弱，变革的意愿就越小，创新的动力就越弱，也就越容易在竞争的洪流中遭受挫败。在这一点上，狼能带给我们许多启示。

许多天才人物并不是天生的强者，他们的竞争意识与自我创新能力并非与生俱来，而是通过后天的奋斗逐渐形成。通过学习，谁都能有胆有识，敢于竞争，敢于创新。不要因为弱小而不敢与人竞争，也不敢轻易创新。

第二章

既靠天，也靠地，还靠自己

别人一年做好的事我做五年

世上无难事，只怕有心人，只要用心，世上就没有做不成的事。当我们面对一件事情时，放弃是因为我们没有勇气，而争取和勤奋就意味着我们离成功的距离越来越近。

记得，海尔集团CEO张瑞敏在演讲时曾说过，“人不成熟的第二个特征就是不自律”，表现在哪里呢？不愿改变自己，背后议论别人，消极，抱怨。就是那句话：成功者永不抱怨，抱怨者永不成功。

事实上，人生旅途中是没有便捷的直达路径可走的。我们必须始终勤奋，耐心地去做披荆斩棘、逢山开路、遇水搭桥的工作，在尝试过很多条看来非常晦暗无望的道路之后，才发现距离目标近了一点。

我个人最大的品质不是有写作才华，而是比较有毅力。我的长处是勤奋，是坚强。别人一年做成的事，我会攻它五年。起初，我来北大学习，年龄已经不小了，北大学生都是20岁左右的，是存在不少差距的。别人看书8小时，我就看13个小时，别无他法，只能以勤补拙。比如“鲁迅研究”这门课，为了弄透一些问题，我连续听了三年（三次）。这门课程的教师是北大中文系的高远东先生，他见我一连听几次，就问道："你不是听过了？根据你的程度，我觉得不需要来浪费时间了。"他哪里知道，我还有一个问题没有搞清楚，这对于我理解鲁迅十分关键，那就是——"鲁迅先生'立人'思想中所立的'人'究竟是一个什么样的人？"我一直琢磨不透。高先生认为鲁迅的"立人"所指的是一个大写的人。我感觉自己没有弄清楚，但也拿不出反驳的意见。就这样，他的"鲁迅研究"课我听了三次。对待学问，我受鲁迅影响很深，从不马虎，深入研究思考。我正视自己的差距，比不上那些考到北大中文系的学生，就很下工夫，以求进步。本来我来北大学习以前，已经是中文专业毕业，加上自己自学多年，按理说应该有自信了，但是，我深知，三流大学无法跟北大中文系相比，这里给本科生授课的全是博士生导师，虽然是基础课程，但学术信息丰富，我就跟在本科生后面一门一门地听，收获果然很大。没有想到，到了30多岁，我居然在北大中文系实现了自己读书的梦想。

从小时候开始就是这样的。记得初中的时候，学英语有些困难。我就干脆把英语单词抄写出来，张贴在墙壁上，于是，只要抬头就能看到。别的同学老是觉得吃力，而我已经十分流利地背诵起来，期末的时候，我的成绩都是前几名。有个后来考上研究生的同学对我说，假若能有你的外语天分，我早就读完博士了。哎，他哪里知道，我投入了多少精力学英语呀！后来工作后若不是环境过于恶劣，或许我早已经读完研究生而做大学教师了。我不后悔，已经付出了最大努力。我有一个特点，虽然理想有了挫折，但我会想法进行持续不断的、长期性的努力。尽管由于多种原因，我没能读研究生，但是我善用生命的低潮，在那些不得志的日子里，我没有消极，而是千方百计地利用读书和写作，到基层采访，体察社会和人生百态，记下自己的思考，写下了大量的日记，这些为以后在北大充电学习积累了基础。《北大偷学记》《问道北大》出版以后，一些读者朋友好奇地问我，是怎么样去北大旁听学习的，他们表示也有类似的想法，只是没有像我这样付出实际行动。其实，我不是怂恿大家都像我这样来北大学习。现在，学习的方式有很多，完全可以结合自己的实际来计划自己的人生。但是，不管采取哪种方式，长期的坚持是必要的。

这么多年，一些同龄人通过努力，读研的读研，升官的升官，发财的发财，都有了施展自己才华的立足点。我不着急，更没有停滞求索的脚步，而是看准目标，稳扎稳打，步步紧追。我能做到今天，跟我这个特点也是有关系的。我从来不担心别人比我更优秀或是更有前途，我可能要用比别人更长的时间，但我的结果不一定会比别人的差。初到北大旁听学习的时候，虽然自己不是北大学生，但还是感受到了类似北大学生一样的精神压力。北大优秀有才华的学生太多了，只要听听本科生的讨论课，就不难从中得出这个结论。有一次，我问北大哲学系的老师吴玉萍女士这个问题。她笑答曰："北大是金本科……"是的，这里的本科生确实很优秀。还有一次，我问北大中文系的一位老师："和北大中文系学生相比，我还差什么？"他说："你有才华，但你做学问的路子有点野，读的书多是流行书……"这话有道理。从那以后，我就注意增加自己的阅读，扩充自己的知识结构，一有空闲时间就泡在国家图书馆看书，从文学到哲学、宗教，再到历史、艺术、心理学等，几年下来，我有了一定的积累。

我在北大旁听学习期间有两件事一直是苦闷的，第一是和北大学生交流较少，第二是难以进入专业的阅览室读书。关于第一点，并不是说我待人不真诚，而是北大学生，特别是研究生，功课都很忙，一般很难抽出时间和我交流。我认识一位文学博士，也愿意和我交流，就是时间特别少，每天都是忙着读书、查资料和做论文，彼此只能闲聊几句，很多时候都是在食堂吃饭时遇见。向北大教授请教问题，也要注意节制，不然会碰壁的。在这种情况下，我听课学习特别认真，不仅录音，而且做笔记，从中梳理出线索，再跑到国家图书馆看书。就这样，几年时间，居然坚持了下来。2012年，当时我在给北京《传记文学》杂志写文章。主编郝庆军先生得知我在北大学习，他和我策划一期国学方面的内容，我当时就想到采访北大哲学系教授、著名文化学者、佛学家楼宇烈先生，并且根据国学热的现状，我列出了一个长长的采访提纲，郝先生看后，很是满意，给予了肯定。2012年3月，我如约采访了楼先生。但在写作中，我感觉到了吃力。我是学中文的，欠缺国学特别是佛学方面的知识结构，虽然旁听了楼先生三年的中国哲学和佛教哲学的专题课，但还是有些差距。怎么办？我泡在国家图书馆整整几个月时间，将楼先生出版的所有著作、发表的文章、大量讲座细细读了一遍，又做了一些阅读笔记，这时我感觉有底气了，写下了一篇长长的文章，写好后发出去，楼先生的博士回信中，称赞了我的仔细和负责精神，并提出了一些意见，此后该文刊登在《传记文学》杂志上，社会反响很好。

有则故事说过，能够到达金字塔顶端的只有两种动物，其一便是雄鹰，靠自己的天赋和翅膀飞了上去。北京大学有很多雄鹰式的人物，很多同学在学习上不需要太努力就能达到高峰，很轻松地在北大毕业后又进入哈佛、耶鲁、牛津、剑桥这样的名牌大学继续深造。很多同学身上充满了天赋，不需要学习就有这样的才能。不过，和雄鹰相比起来，是让人感到很多压力的。不是所有的人都有天赋，还有一般资质的人，甚至像蜗牛一样资质的人，缓慢地爬上去，一定会掉下来、再爬、再掉下来、再爬。早在我没有来北大的时候，包括到今天为止，我一直认为自己是一只蜗牛。但是我一直在爬，也许还没有爬到金字塔的顶端。但是只要我在爬，就足以给自己留下令生命感动的日子。

值得一提的是，虽然我自认没有雄鹰的天赋，但绝对不是自卑。一次，一个北大的研究生告诉我，他如何如何自卑。具体地说就是对自己的一切，包括长相、身材、智力、成绩等都不满意，而且还对自己使用了很多尖刻的贬义词，我听了都觉得很震惊。我感慨地对他说："你实在不必如此。你能从一个小地方考到北大这样的著名学府，应该自信一些，我就很羡慕你能在这样的环境深造学习。"每个人都是大自然独一无二的创造物，所以每个人都不必自卑。这句话等于是说：每个人都不必通过瞧不起他人来瞧不起自己。苍天在上，它会毫不吝啬地给予那些抬举别人的人以抬举自己的力量。我清楚知道，也不是北大所有人都是优秀的。何必拿别人长处否定自己呢？不如利用北大的学习环境，快速充实自己，提高自己。其实，有"缺点"和"不足"没关系。知道的缺点愈多，成长愈快，自己的信心，反而愈坚定。认识自己的缺点，也是自信心的来源。"自知之明"就是清楚知道自己的能耐有多少。如实地了解自我，就能适时调整，充分发挥潜能，避免过多的担忧，因此也就有了自信心。

为那神圣的使命感而活着

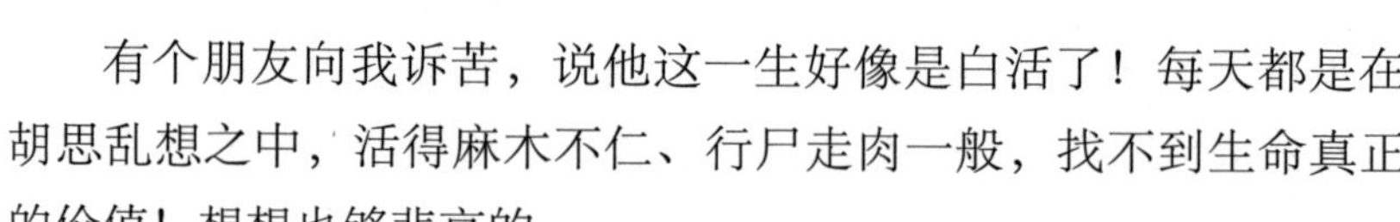

有个朋友向我诉苦，说他这一生好像是白活了！每天都是在胡思乱想之中，活得麻木不仁、行尸走肉一般，找不到生命真正的价值！想想也够悲哀的。

一个人能够做自己喜欢做的事情，为那有生命价值意义的生活而活着，是人生最大的幸福。因为你喜欢去做，你就会发出无穷的活力，再大的困难你也能够克服，不会轻言放弃，对自己充满了信心，觉得是有价值的人生。

2007年，这天，我踏上了去北京的远途。离开了生我养我的故土S城，一个古老的小城，觉得这里不是我的安身立命之所在，抱着寻找另一种生活的理想，毅然决然地离开了。

按理说我的工作并不错，也很吃香，而且还有很多人争着想进去，但我还是坚决要出走，来北京。当时刚工作几年，经济有压力，就这么走了，肩上的担子并不轻。很多人都劝我，再多考虑考虑，就连母亲都对我说不要这样贸然行事，但是我说，我当了七年的记者，找不到人生的意义，所做的事情也不是我人生的追求，并且常为此而苦恼。

在北京生活，还会碰到S城那些让人厌恶的人和事，但是，我觉得生命的存在自有神圣性的支撑。其实，遭遇并不重要，重要的是如何面对遭遇。任何生命，在遭遇危机的时候唯一能做的就是提升自己，释放自己，在对抗之中确立自己。面对茫茫浩渺的宇宙，个体生命唯一的自救之道，就是找到本源性的价值让生命的质量更充实一些。

我后来从事文化和国学方面的普及，所做的事情都是自己想要做的。有人对我说："真佩服你当时的胆量呀！"我却很平静地说："也谈不上什么胆量，我只是选择了自己喜欢做的事情，要为有价值的人生而活着。"

为了追寻生命的真谛，自己也像鲁迅先生说的那样，"走异路，投异地，去寻求别样的人们"了。先后关注过文学、哲学和信仰，所幸自己不再像以前那样迷茫困惑，而是知道了生命的意义究竟在哪里。有了一种神圣价值，我会重新审视这个世界的庄严和真实。和这种心灵的宁静喜悦相比，外界对我的毁誉又算什么呢？那是没有真实心灵生活的人追逐的。

一个纳粹集中营幸存下来的心理学家说过：一个人找到了生命意义的话，即使在集中营里，他也是快乐的。因此，寻找生命的意义对于我们每个人都非常重要，不是可有可无。那位心理学家之所以能在集中营里挺过来，是因为他持着这种信念：上帝之所以让他体验这种苦疼，是为了让他好好研究人类在这种最恶劣的环境下的心理。即便我们不是基督徒，假若有了目标，人生就有了意义。罗素所说：在人生的火焰前，我烤热了双手；当火焰渐渐熄灭的时候，我准备离去。在我而言，人生的目标有三，即：对智慧的追求、对个人幸福的追求、给别人带去一点温暖。是的，有了温暖，漆黑的世界不再冰冷。

人每天生活靠的是什么？不是肉体，而是灵魂。一个没有灵魂的人，何异于行走着的僵尸呢？生命的价值是什么？当然不只是饮食男女，物质需求与欲望，而是与神圣价值有关的东西，如果缺乏这个，我们的内心因精神缺失会陷入平庸与俗气。只要读一读《红楼梦》《圣经》及圣贤大哲的书，还有像鲁迅、沈从文、托尔斯泰、川端康成这些作家的书，里面都有高贵的品质。

汤一介先生很早就接触到让他毕生难忘的克里斯朵夫·依修午德的《紫罗兰姑娘》。他说："这本书说的是，我们虽然走得那么近，但是，我们之间的距离是那么的遥远，人与人之间的距离是那么的遥远。再深刻的爱也挽救不了人们的孤独。"当时，由于妹妹的病逝，加上国民党政府的黑暗，使少年汤一介开始独立思考一些人生问题，《论死》《论善》《论生意义》等一些展露他哲学家天赋的文章就出来了。当时的汤先生想，一个人生，就像一根蜡烛，可以慢慢地让它烧完，也可以让它很快地烧完，放出更大的光。他下定决心，还是要做那个很快烧完但是放出更大光的人。从那以后，他下定决心，要做个哲学家，通过自己的独立思考，来探讨一些宇宙人生的根本问题。

北大哲学系教授杨立华，他主要研究儒家，是哲学系年轻而有精神魅力的学者。在他出色的演讲中，佛陀、孔子、孟子、老子、庄子等一个个圣贤无不饱绽生命的气象。一直以来，他坚持用真诚、激情、感性和丰富的精神力量来影响学生，并且用深刻的反省和成熟的思想来提升学生，给我留下了深刻的影响。

当初，杨先生是学工科，后来为什么弃工从文呢？他曾说："每天要站在80多米高的未完成锅炉上看它的每个部分——于是我就想，这个和我自己到底有什么关系呢？一想到一辈子就在这样的生活里过，我就非常绝望。"当时，杨先生还在宁波北仑电厂。那个时候的他，正处于人生迷茫之中，他说："那个年代商业化已经开始了，选择中哲，就意味着'没有前途'，物质生活注定极度贫寒。如果没有一点社会承担意识，根本不会走到那上面去。"是神圣的价值支撑了他的精神追求。之后，他如愿师从陈来先生和许抗生先生进行深入的儒家哲学研读，从此正式开始了以儒学为主的哲学求索生涯。

汤一介、杨立华当初选择哲学，都不是为了解决吃饭问题，而是为了一种神圣的使命感而活着，这样生命才有意义。这些都透露出他们对神圣价值的专注。这是强者的内心的声音。

佛陀在抛弃太子生活出家修行时，下了救拔众生出离苦难的决心；鲁迅弃医从文疗救麻木的“国民性”，下了拯救民族和同胞出离苦难的决心。他们一直坚持下来，为那神圣的使命感而活着。孔子一生颠沛流离，幼年丧父，长而丧母，晚岁丧子。颜回、子路相继离他而去。然而，他的仁爱之心始终不改，以最饱满的心灵度过了一生。杨立华先生赞叹曰：“孔子的一生是饱满的一生。如果再加一句话，就是孔子是从不颓唐的。孔子不断地在失败，不断地在受挫，他受挫不是受挫于个人利益的追求，而是受挫于政治理想的实现。他一生都在受挫，但他一生都很饱满。”

拒绝“愤青”式活法

“愤青”者，愤怒青年之谓也。愤青，近年间十分流行的一个词汇。顾名思义，愤青指的是愤怒的青年。这一点在20世纪70年代出生的青年身上尤为显著。因为他们有理想、有热情，但生活让他们感受到现实的残酷。他们压抑，他们无奈，所以他们愤怒和批判。因此，“愤青”不全是贬义词。

窃以为，“愤青”又是一个被毁掉的词语。多血性的青年，说一些愤激的话是很正常的，然而为众多“正人君子”所不齿。但也应该理性地看到，没有完美的政治，没有完全公平的社会，那些正直、敏感、理想主义的青年们要表达自己的观点，这无可厚非，但如果把握不好度，就会做无知者无畏的事。

几年以前，北大教授李零先生出了本名叫《丧家狗：我读论语》的书，钱理群、吴思、刘梦溪、秦晖等学者为之叫好，不过反对声也很强烈，新儒家的代表学者陈明直接斥之为“愤青心态”，他把李零这部书称之为“作家的文采、训诂家的眼界、愤青的心态”。2007年，李零还没退休，我很喜欢蹭他的课。李先生学问精深，文字漂亮，哲理明晰，读他的文字，是一种很好的精神享受。据说，在一次座谈会上，李零一直很安静地听着大家的发言。最后他以少有的坚决的语气说："如果批判社会就是愤青的话，如果年龄不影响'愤青'这个称呼成立的话，那我就是愤青！"

其实，想想历史上那些不能实现理想的人物，如孔子、徐文长、嵇康、鲁迅等，都曾"愤青"过。即便在当代，就有余杰、摩罗、孔庆东们站在了"愤青"队伍的前列，书生意气，挥斥方遒、指点江山、激扬文字、空山疯语、冲锋在前。

"愤青"的出现，有着复杂的原因，既是现实环境限制，也有"文明古国"的精神痼疾，教育体制的熏染，等等。从农村学生上不起大学，到城市工人下岗，到楼市高涨，以及我们所置身的体制等，都不是简单的愤怒和批判所能解决的。所以我不再愤怒，因为愤怒无济于事，严重的还会把人变得更加狭隘，仅仅选择做一个"愤青"是悲哀的、不够的，它放弃了个人的责任，还不如抽时间来多想想怎么做事和挣钱，享受生活，在生活中学习爱并培养爱的能力。在我看来，"愤青"应该是一种朴素、直接、主动、无畏、自由、无拘束、发展、运动的思想状态和生活理念，成熟的"愤青"应以"愤"为"奋"，转化愤怒为实现理想抱负的力量，换来的是正义感、善恶分明、敢作敢为的实践。"狂人"（鲁迅）最后把希望寄托在了孩子的身上，与他不同的是，我把希望寄托在了自己的身上。作为一个不愿意放弃思考的人，我从先前的"愤青主义"渐渐转向实际行动。从愤激于这个时代人心的冷漠，到反思制度建构的不足，到现在致力于自由主义和文化保守主义的调和，再到当前的"反求诸己"和寻求信仰，我仿佛一只在原地打圈的苍蝇。如果说我与从前有什么不同，我把"愤青"看成是一种思想状态和生活理念，我再不关心救赎别人，只进行自身的生命探索和思考，着重关注自身的精神需要。在我看来，拯救了自己的同时就是对社会作出了贡献。特别是到了现在，经历了至尊宝到孙悟空的精神蜕变，我认识到了人作为个体意义上的有限性，决心从个体开始，承担作为一个个体的责任，放弃任何外在虚妄的寻求，实在地融入群体，脚踏坚实的大地，寻找并创造本该属于个体的快乐。

人的生活方式有两种：第一种方式是像“愤青”一样地活着，你尽管活着，每年还在成长，但是你毕竟还在批判，你拒绝接纳，所以你是长不大的。第二种方式是像大树一样地活着，你能够吸收泥土的养分，让自己成长起来。对比起来，从正面积极的态度来看，当然还是第二种方式好些。所以，别一相情愿地要求别人和社会，调整一下观念，随时检查自己、慎思明辨、反省观照，彻底了解自己的实力后，自信才得以建立起来。其实，关于“愤青”，鲁迅先生曾在1919年所写的《热风·随感录六十二》就说过：“中国现在的人心中，不平和愤恨的分子太多了。不平还是改造的引线，但必须先改造了自己，再改造社会，改造世界；万不可单是不平。至于愤恨，却几乎全无用处。”是的，改造自己要比改造社会难，但也只有先改造了自己，才能谈到改造社会。

为人坚忍成就了我

回顾过去，我的人生遭到无数误解，我做记者时看到不平的事情偶有议论，有人奉劝：适应现实，不要牢骚；我爱写作，别人说：什么年代了还迷恋文学？我考研，别人惊讶：就不怕以后找不到工作？我钻研鲁迅和国学，别人疑问：做记者不去写吹捧稿子不会是有问题吧？我偶尔吸烟喝酒，别人惊讶：原来你也喜好这个？我来北大旁听，有人惊讶说：不好好安分，听个啥？我写文章，不喜欢学术八股和所谓“学院规则”，别人告诫道：你有才，但这是野路子呀！我不得不辩解，我这是以个体的方式来表达自己，要什么“规范”？我放弃了“清高”给老板做传记，为了金钱讨价还价，那人惊诧：你们知识分子怎么也这么爱钱……想来想去，所谓人生，就是误解途中的坚忍。假若你太在意别人的看法，就什么也干不成。

刚在北大旁听时，我面临很多困难。

偌大的北京举目无亲，一切都得自己去拼。其一就是找不到课程表。那时，一次聚会，我认识了北大中文系学生丛治辰，向他找课表。他当时快毕业了，没有课表，就领着我去向其他学生要。敲开门，怕打扰人家，不敢贸然进去。从治辰说明意图，那学生懒洋洋地从上铺坐起来，半天不语，好半天才很不情愿地把课表扔出来。那次的情形，我很是深刻。自此以后，我再没向北大学生索要过课表。以后，我认识了几个同来旁听的学生，找课表就很容易了。再到后来，我在北大旁听一段时间后，对这里的情况十分熟悉了，不靠任何人，只要盯着第二教室里面的大屏幕上的安排，我就顺藤摸瓜顺利找到上课地点了。

其二就是吃饭问题。2007年10月以前，校外人员通过某种渠道可以办到加15％管理费的临时饭卡，这对大部分旁听生来说没有太大的问题。北大食堂物美价廉，享誉中关村，不少中关村的职员也特意在北大吃饭。2007年10月后，为了维护本校师生的利益，北大加强了对食堂的管理，不再办理临时饭卡。旁听生们似乎也可以理解，因为他们也对吃饭时食堂人满为患、一座难求的情况深有感受，但是这样一来，他们的吃饭一下子成了大问题。有空间做饭的人开始自己做饭，有钱的到外面吃饭，或在校园里较贵的可以付现金的食堂吃饭，有的人转战清华，有人和北大的朋友合用一张饭卡。有趣的是北大现在出现了租饭卡的行业，每月租金50到150元。就是这个规定，饭卡问题已经在很大程度上限制了旁听生的数目。我每次吃饭，都是出去在北大附近的餐馆吃饭。

其三是经济上的困扰。虽然在杂志社工作时积蓄了一点钱，但家中需要钱，我还是感到拮据。那时最痛苦的事就是没钱，精神压力很大。表面上我说“先去看看”，进了北大课堂以后，双腿不听我的使唤，都舍不得走了。但吃住等现实问题，也是我必须考虑的，租了房子、买了电脑和各类生活用品，我已花了上万元。经济虽然紧张，也不好意思向朋友和亲戚伸手，只好给认识的杂志和企业家朋友写稿，居然渡过了几年难关，想想真要感谢他们，否则就只能像有些旁听生那样贫苦了。初来旁听的日子，租住在中国气象局附近的地下室，房租每月400元，只有几平方米，漆黑、阴冷，只能放下一张小床和一张桌子。白天我去工作和学习，晚上回来后倒头就休息。三年半下来，中文系、哲学系、宗教学系的名教授基本上都算领教了，还和部分教授有过交流。2011年以来，我在北大旁听渐渐缩短了时间，把重心放在工作上，一年听四个月，上半年两个月，下半年两个月。这个时候，我就搬到中关村附近。北大中关村和蔚秀园的一些房主把公寓装修成学生宿舍样式，有六人间、四人间、双人间，以床为单位租出去，每月租金在300到800元不等。虽然价格较贵，但是园子景色秀美，租房人员多是学生，相对安全，又离学校近，因而很受欢迎。我在这里都是短暂居住，倒也轻松自在。

真正的痛苦是，身份特殊，备感孤独。旁听生无法真正融入正式生的群体，而北大学生的言语也常常不咸不淡，孤独如藤蔓般缠绕着我们。北京大学中文系原办公室主任张兴根老师认为，求学路有很多条，可自学，也可上网听远程教学，尤其是自身基础、经济条件和适应能力相对薄弱的学生，要从自身条件考虑，否则生活压力大，旁听的负担太重。同时，旁听生们的水平参差不齐，选择的课程也只能是在自己知识领域内能够听得懂的课，住宿也都在校外，不像本校学生那样能有更多交流的机会。旁听生身份的特殊性，让他们在心理上产生自卑感和孤独感。我认同张老师的看法。但对于我来说，无论是经济状况，还是专业基础，我都没有问题，进入北大对于我提升很大。我觉得，旁听生既不要有“局外人”的感觉，也不要有“局内人”的感觉，要完成旁听，贵在坚忍，否则前功尽弃。

我现在这种坚忍的习惯，其实是小时候在农村长期生活沿袭下来的。

我不是什么“苦孩子”，也不是什么父亲宠爱的孩子。

弟兄四人，母亲说唯有我最像父亲，身材长相，走路的姿势，沉静的性格，爱好读书等，似乎父亲对我也并没有流露出过多的疼爱，和弟弟吵架，他总是说我。人都是这样，不管他表面如何标榜要面对现实，其实又有几个人能真正面对这残酷的人生真相呢？童年的时候，我唯一得到父亲承认的就是爱学习，除此以外，至于我的沉默、认真、善良、耐力、不争和无私，他基本不会给予认可，这让我感觉到自己是无用的好孩子。一个重要的原因恐怕就在于，与父亲的成长经历有关吧？在暴力和强大的邪恶势力面前，当人的自我人格处于混沌时期，还不足以抵抗外在强暴势力时，人性弱、人性恶的一面在关键时期就会暴露出来。童年的时候，有一次，我和同村里的孩子玩玻璃球，和一个大我年龄许多的人起了争执，回家流露出委屈的神情，竟然遭到父亲一顿莫名其妙的训斥，奇怪地问我为什么让自己吃亏？！父亲喜欢“眼皮活”的孩子，而我似乎是“死眼皮”，故而不讨他的喜欢。上小学三年级时，我和一个邻居家的孩子，因为在门前池塘里玩耍，小孩刁钻，诬赖我打了他，就去向大人告状，这时我父亲正好在家，两家说着说着就吵了起来。当时吵得很凶，邻居家的那个黄脸婆娘，刁钻护短，简直是个泼妇，大喊大叫，这让当教师的父亲斯文扫地。父亲就用扫帚狠狠抽我，并让我在烈日下暴晒了几个小时，那次惩罚给我记忆十分深刻。我也一直不明白，人与人之间有什么深仇大恨。多年以后，我终于明白了，那或许是人性的本然。明明不是自己的问题，偏偏自己要承受下来，这种坚忍成就了我。想起石评梅在《湖畔哀歌》里所写道的：“命运的魔鬼有意捉弄我弱小的灵魂，罚我在冰雪寒天中，寻觅那凋零了的碎梦。求上帝饶恕我，不要再残害我这仅有的生命，剩得此残躯在，容我杀死那狞恶的敌人！”造物主给了我一颗敏感、丰富、多情和负罪的灵魂，却又弃我于这样冷寂的人世，任风吹雨打，我只能以坚忍面对。

能坚持旁听，这需要的是无比坚忍的性格和坚毅的信念，一种能够拨开迷雾找寻真理的纯净的心，让我面对孤独、坚忍与人生苦难。

我这种与人为善、勤勉坚忍、不张扬的性格给我也带来了机会，我的这些人际交往经验基本源于小时候乡村生活的历练。农民繁重的劳作、淳朴的作风，让我体会到生活的艰辛和生命的厚重。父母的言传身教让我知道怎样面对困难和挑战，少了些急功近利，逐渐养成了随遇而安的性格。在艰辛的人生中，我既没有对命运怨天尤人，也没有沉溺于廉价的自我感伤，更没有自我放弃与堕落。尽管我是卑微的社会存在，但没有因此扭曲。我清醒，独自承担痛苦，以自己真诚与坚忍的人生态度，维护个体生命的尊严。

贫穷从来就打不垮一个人

贫穷苦难从来就打不垮一个人，可是没有爱的温暖却是可怕的。

我很早就有种感悟，人生就是痛苦，无望的挣扎之后仍然是漫漫长夜与严寒。这么多年，我也曾经尝试用各种法子抵抗或逃避生存的种种痛苦。

关键的问题不是世事无常，不是苦难，而是“这些苦痛的根源是什么”或“我受了这么多这么久的苦，意义又何在”。说到底，这也是我来北大听课所要解决的问题之一。

童年的生活极度匮乏，从物质到精神。

那时农村生活水平极差，凑个温饱已很不容易。父母生养了四个孩子，艰难支撑。父亲肩上的生活担子十分沉重，家里不仅没有大米下锅，就是糠菜杂粮也不够吃，全家受到饥饿的威胁。求生是人的本能，不能坐着挨饿！

在童年时代，我最大的理想就是能吃上几顿白面馍，喝上小米稀饭。贫困在许多时候不仅只是贫困，在更大程度上它是一种人为带来的屈辱。长大后读了作家路遥的长篇小说《平凡的世界》，在里面有着饥饿的描述，贫穷不仅是物质的匮乏，更是一种病。我开始思考，这到底是因为什么？

我生下来不久，营养不足，经常向村子里的妇女借奶吃。那时候，父母总是为了生活叹气，记忆中父亲拉红盆，春节的夜晚还在赶路，年夜饭总是在冷清中度过。男孩多了，父母都讨厌，他们甚至想要把我和女孩多的家庭进行交换，据说我被送到那个女孩多的家庭，又像不合格的产品一样被退了回来。我终于没有被换出去，却像一件多余的物品闲置家中。随便地被扔在一边，自己躲在一边玩，没有玩具，没有伙伴，孤零零地一个人，看着墙壁或者砖墙发呆。年少长成懂事后的许多年，偶尔对镜纳闷：如此困苦的年代里长大，相貌还算凑合，这里面一定有着上苍的美意吧！想一想，一个衣着单调、饥肠辘辘的孩子，除了吃好穿好，还能有什么奢望呢？生活教会我一个简单的道理，我没有那么多的娇贵，没有爱的温暖，没有白面馍吃，照样可以活得下去。

童年的经历往往是人一生中最重要的生活体验。托尔斯泰说，一个人到了5岁，也就过完了他的一生。这句话的意思是说，5岁前的所有体验，会给他的一生打上印记。我深深地理解这位大作家的话。这话让我感到宿命的绝望，我这一生，难道就因童年的这种经历，便一直要延续无边的痛苦？

进入社会以后，生存竞争加剧，我就深刻体会到生存处境的严酷和人性的卑劣，生活的每一个细节在我记忆深处都立体地站起来，源源不断侵害和折磨着我精神的肌体，为此我的内心充满了紧张。

从小时候我就知道，人生的苦难是不可避免的。原因是看到了周围村民的苦，我看到了我父亲的苦，看到了我母亲的苦，看到了我家境稍好的时候依然很苦。母亲是心理上的苦，比如说自己的儿子做了什么，她都很牵挂，无法放下，自己的老伴20年前就已经去世了，她很孤独，也很寂寞。一个问题解决的同时，另外一个更大的问题在等着你，一个痛苦消失的同时，另外一个更深层的痛苦在等着你。我们中国人讲认命，但是我的认命不是放弃。因为我深刻地意识到什么也不做的痛苦比任何其他痛苦更加深刻，所以我一定要做事，做对社会有好处的事情。

胡军先生说：“如果你根本就不懂得什么是痛苦，你又何从知道什么是真正的幸福？没有痛苦也就没有幸福。”是的，痛苦不应该视为命运对于自己的惩罚，而应看做是上苍恩赐给人的礼物。如果你能真正地参透生死，视死如生，那么你也就能够克服或超越一切痛苦和灾难。

在北大，我陆续听了一些文学、哲学和宗教方面的课，我对于鲁迅、孔子、老庄、佛陀和基督极度关注。最近六年多的时间里，我潜心沉下，阅读、思考和钻研一些哲学和宗教方面的书，就是想安顿这颗陀螺般痛苦的心。面对人类的苦难，鲁迅选择在苦难中奋发起来，做自己能够做的和应该做的事情，孔子以一种仁爱之心面对苦难，老庄以“道”观之，超越小我，佛陀用大智慧化解“我执”，上帝以大爱拯救世上的难人。

何怀宏先生的“文学与伦理”，是我很喜欢听的一门课。何先生对俄罗斯文学情有独钟，尤其是19世纪俄罗斯文学，从普希金开始，中间经过莱蒙托夫，一直到屠格涅夫，到最高峰的托尔斯泰、陀思妥耶夫斯基，然后到契诃夫。俄罗斯的思想多是通过文学来表现的，它的纯粹哲学不是很发达，但在文学中倾注了大量的思想，比如苦难、道德、伦理、宗教等，值得一读。

谈及陀思妥耶夫斯基的苦难哲学，何先生说，他虽然写人的复杂、阴森，但是他内心最深的东西是温柔的。他作品中有一种特殊的心灵追求，正常人跟罪人的界限在陀思妥耶夫斯基那里的界限是模糊的。陀思妥耶夫斯基非常关注人的命运、处境，特别是上帝的关系，人和社会的关系是非常重要的。他探讨苦难，是在上述背景下展开的。阅读过陀氏的作品后，我认识到，人的苦难不仅仅与社会制度有关，还与人性中隐匿的罪恶有关。

因此，除了通过制度改革和消灭苦难、饥馑、贫穷，还要有一份信念、希望与博爱，可以多一份对抗不公正的勇气和承担苦难的耐力。

善用生命的低潮

人生在世，常常会遇到事业的低谷，如果每每都不去静思，轻举妄动，未必就能得到好的结果。倒不如多一分忍耐，多一分自我审视，既少了执着之累，又可能获得意想不到的收获。

人生的各种境遇，都是我们学习的功课，逆境要善用，顺境也要善用，否则一旦春风得意，得意忘形，言行举止失去分寸，灾祸很快就随之而至。可以这么说，很多人是栽倒在“顺境”上，而不是“逆境”上。善用生命的低潮，困境是一种磨炼，如果利用得当，就是一种德行，一种度量，更是一种化解危难困境的智慧。

熟悉陈鼓应先生的人，都知道他非常喜欢尼采和庄周。我在北大听课时，恰逢陈先生被反聘到北大讲“《庄子》研究”。尼采的张扬生命意志，庄周的意境悠远，完美结合在陈先生身上。20世纪60年代末至70年代末，由于针砭时弊，提倡民主政治，陈鼓应被宣称“上帝已死”的尼采吸引住了，尼采的反权威、反独断，让他高扬知识分子风骨，抨击世俗；此后，他被大学解聘，措手不及，家庭困顿，得了胃溃疡还要四处兼课谋生。熬了一年后，老友介绍他参加古籍整理计划，不仅一次性预支给他稿费解决了经济之困，同时让他完成了《老子今注今译》《庄子今注今译》两本书。就这样，在被严酷现实打击而陷入生命低潮的情况下，陈先生又借助庄子的恬淡高远安顿了受伤压抑的自己，而没有沉沦下去，反而获得了生命的提升。

是的，很多时候我们心里老是攀缘，我们讨厌逆境，追逐顺境，都很难满足于一种生活的状态，而总要去羡慕另外一种生活，好像围城一般。这使得人们总是在“得不到”和“已失去”两种痛苦状态间摇摆不定，并抱怨自己的人生毫无乐趣。如今，对于我来说，无论是北大，还是S城，还包括走过的任何地方，其实都一样，我们不过是在闹市红尘炼心而已。顺境善缘不生贪爱，逆境恶缘不生嗔恚，这才是究竟洒脱的境界。假若身处逆境，心清则神凝，饥来吃饭，困来即眠，明心见性。

以我个人而言，人生和求学经历走得艰辛。中学时候，父亲去世，中途辍学，无奈远到江南芜湖的一所学校读书。同年龄的孩子可以继续读书，乃至考上大学，学习他们喜欢的专业，而我为了生计只能被迫放弃自己的爱好——文学，只好选择学习技术提前就业，减轻家庭压力；那段时间，和我同年龄的人在读高中、大学，而我孤身一人在江南，这可说是我人生的第一个低潮。尽管如此，我利用这段时间，抓紧业余时间，阅读了大量文学书籍，创作并发表了不少诗歌和散文，也算尽力弥补了一点遗憾。

当我再度工作后，终于有了进修学习的机会，我来到江南芜湖一所普通高校读中文系，这期间却没有经济支援，日子依旧苦闷，只能依靠稿费和借钱。学成毕业后我到了S城工作，人际关系错综复杂，人生经验单薄，勉强立足，也算是人生过程中的又一个低潮。但是我就在低潮之中，运用那些低潮时期，不断地学习，大量地阅读，不停地写作，发表了一些文学作品，并自发研究中国现当代文学和鲁迅，写下了30多万字的思想随笔《暗夜里的过客》，从见识、学问、心性的成长来充实自己，虽然在S城没有施展的空间，可是并没有浪费生命。这些创作都没有白白付出，都被我潜移默化用进了以后的写作和研究中。

在我人生的20年间，因为环境的关系，我很早就学会运用生命的低潮来充实自己，无论是学校的空余时间，寒假暑假，还是工作中间郁闷彷徨的日子，从那时起我开始摸索着写文章投稿，17岁开始便有作品发表，为了写作，我必须自修看书，为此，我想尽一切办法，比如曾去安徽师范大学中文系访学，并利用在芜湖读书的几年时间里，和那里的同乡创办诗社，切磋写作，虽然际遇艰难，但我并没有让生命留白。特别是在S城工作那段灰色的日子里，我也把握自我学习的机会，除了完成工作的任务，也随时利用时间看书、写作、投稿。2003年11月接触网络以来，打开了封闭的思想，我和一批爱好思想、积极上进和追求良知的民间知识分子认识，度过了美好的时光。我一坚持就是七八年，写下了大量的网文，其中关于鲁迅的随笔已经被一些鲁迅研究学者所关注，长长的八年时间，既是我人生的低潮期，同样也是我著述的盛产期。虽然仕途之路被堵塞了，而我仍能乐在其中。

尤其当我在北大学习的那段日子，虽然没有人指导我，却是我生命中自我成长的黄金岁月。即使在北大食堂吃煎饼果子，喝矿泉水，每天仍然忙得不亦乐乎，从不感到苦闷、空虚与无奈。因为我已习惯了面对逆境，如此一来，纵然有点挫折感，却不会觉得是碰壁。

对于这些低潮的经验，我把它视为我生命过程中的必然。经过这么多年，我已有许多的经历，也有了知识，或许在旁人的眼中并没有什么高明，但是，对于我来说生命没有浪费。因为每个人的生命过程总是曲折，只要自己没有糟蹋浪费，每一个段落都是有其价值的。如果我的心情会被起伏的遭遇所左右，将会活得缺乏意义。低潮是考验人的心性、觉悟能力和承受力的。承受的有多大，给的福报就有多大。睿智的人则会抓住这一点历练自己的心智，做到不以物喜不以己悲。

其实，逆境当前未必不好，顺境也未必真好，只看如何面对。

有一次，一位北大哲学博士，因为恋爱不顺心，就想要自杀。我师父和她约好，来开导她把心结打开。我在北大东门看见她时，只见她满脸泪痕，神情忧郁。我想不明白，为什么一点挫折就要轻生？像她这样，顺利考入北大读博士，是很多人的梦想。人总是这样，太顺利了就不会珍惜。

近些年，我明白了：对于任何人来说，不充实自己，前程都是短暂的，都会进入生命的低潮。就人生而言，没有绝对的高潮和低潮。比如做记者，这是一个令许多年轻人羡慕的职业，有吃有喝有自由，但是我却一直有一种“危机感”——记者这个行当有某一种吃“青春饭”的特征，我不想走这样的一条道路，而且各种各样的应酬没完没了，工作的重复性太强，老这样下去也学不到什么新东西，还不如停下来花几年时间踏踏实实充实自己，出去看一看这个世界到底是个什么样的。于是，我就来到北京。

善用低潮的实质是自我审视、自我洗涤、自我完善、自我净化、自我升华、自我顿悟……其实，寻找失落的“自我”的最好办法，便是完善自我，充实自我，感悟自我。我时常自醒自悟：生命是有限的，能否去掉“本我”换得“超我”的存在？

既然别无选择，就要积极主动

我留意过一些新闻报道，对于不少人，尤其是慕名北大名师者来说，北大仿佛就是他们精神圣地和心灵家园，在没有来到北大之前，听到有人提到“北京大学”或“北大”这几个字，我也不会热血上涌，精神顿时为之一振，仿佛我与北大之间有一种无形的联系，更不会每每心中都会油然而生一种景仰与向往之情。我甚至对那种试图美化北大旁听的行为有批评。我不是一个天生具有北大情结的人。我对北大的向往很大程度上来源于钱理群先生的系列文章，这位老先生在他的著作和文字中，永远不知疲倦地宣扬着鲁迅精神和北大精神，他特别在一次座谈会上的讲话中指出北大精神是“承担，独立，自由，创造”，这对于困境中的我多少构成了一种暗示，那就是北大是光明的。

那是在2001年的夏季，我去安徽阜阳书店闲逛，意外地发现了钱理群的两本书，一本是《心灵的探寻》，一本是《走进当代的鲁迅》，就买了下来。回到S城以后的两年时间里，我每每夜读这两本书，就这样意外地与钱理群“相遇”了。老钱的书，第一感觉就是亲切，不是板着严肃学术的面孔出现的，可以让人领会北大的精神、思想的活力和精神的魅力。《心灵的探寻》一书中对于知识分子弱点的剖析，当时给我“刺激”不小，该书61—62页写道：

缺乏实践、行动的机会与能力，曾经是中国知识分子最大的悲剧与致命弱点。历来知识分子都有报国无门的哀叹，就像卧藏隆中的诸葛亮一样，知识分子在思辨中，常常能够对历史事变的发展（或其局部）作出惊人准确的预见（猜测），并且怀有自己的安邦治国的韬略，但是，并不是所有的人都有诸葛亮那样的付诸实践的机会。于是，有高于一般的思想，在或一程度上预见到历史事变的发展，却不能参与历史的变革，对历史发展施加自己的影响，心灵高飞着，身体却陷在泥淖，思辨与实践脱节，只能清议、空谈，不能行动，就成为古往今来一切有抱负、有才能的知识分子最大的精神痛苦与不幸。更加可悲的是，在历史惰性力量的长期作用下，这种思辨、理论与实践、行动的脱节，由历史的反常、谬误，逐渐变成了生活的常态，在知识分子的心理上，也由愤懑，转为安之若素，最后转而成为追求的目标，仿佛知识分子生来就应该只清谈、发牢骚，而不行动的，进而以此自诩、自傲，那就更成了“万劫不复”的“奴才”了。鲁迅多次哀叹中国知识分子在长期封建关闭下，精神日益衰颓，失去行动能力，“只落得麻痹了翅子，即使放出笼外，早已不能奋飞”，以为这是一种莫大的悲剧。

这段话再深刻不过地指出了知识分子最大的悲剧与致命弱点，我一直把此话当作警示自己的经典格言，以此提醒自己要加强实践、锻炼与行动，不至于落入只会清谈、发牢骚的窠臼与历史惯性。沉闷的思考以后，我有了打破僵硬与沉滞的冲动，终于想法走出了S城，朝着自我选择与自我创造的路上迈出了艰难的第一步。老钱在这本书里，揭开种种伪饰，袒露自己真实的血肉，拒绝“瞒和骗”，用怀疑的眼光审视历史，严峻解剖自己的灵魂，自我灵魂完成升华。老钱对于社会与人生，人的心灵有着特殊的观察力。丰富的阅历，贵州18年来的生命体验，深深打下烙印，都化作了他生命的内力。透过他的文字，可以感受到他那颗滚烫的心灵，汹涌着沸腾的情感，跳动着不死的火焰。

翻阅2002年到2005年之间的日记，残酷、压抑、粗糙和荒冷的气息扑鼻而来。

周围太多的人和事，开始让我怀疑，一代代中国知识分子守护、在意、体现的精神、传统和风骨，是否已与我们相距甚远？每当想到这些，我就感到恍若隔世；抚摸历史，我常常浩叹不已。生存的严酷和精神的惶惑在折磨着我，逼迫我冲出S城。

在30岁以前的岁月，我称之为“被动选择”阶段。不要一听“被动选择”，就觉得有多惨，其实命运之神似乎一直还都很眷顾我的。24岁时我当记者，进了电台。那时，电台的记者都是车接车送，被人称为“掂着酒壶下乡”，十分吃香。对我来说，电台记者不仅是一种职业，更是接触社会各色人物的一种方便途径，短短几年时间，我经受住了历练，经常深入基层采访，对于社会生活和人情世态的认识加深了。对于新闻工作，我不敢自诩说是内行，但绝对是胜任的。然而，我不喜欢做记者。

应该说，仅仅是生计问题，对于我不存在了。但是，相比生存的艰难，精神的惶惑更让人无望。几年下来，特别是到了2007年，我就感觉绝望了，每天就是写写稿子，其余的时间，就是终日打发日子，我又不爱喝闲酒，便有些不合群，于是受到攻击排挤，这样的生活对于我而言没有意义，简直就是苟活。这对我来说简直是天大的耻辱，也是无法接受的事实。既然别无选择，就要积极主动。于是，我提出辞职，走出S城另谋求发展。上哪儿去呢？我要找一个既能吃饭又能让我重新点燃希望的地方，而北京无疑是我的首选，因为那里有鲁迅，有北大，还有对于新生活的希望。

说到我的主动选择，那就是——去北京，我觉得特别感兴趣，它给了我一个与外面直接学习和交流的机会和窗口。而我的人生也注定因北大而改变。所以，结束了在S城当记者的生涯之后，我辗转投入北大的怀抱。

2007年5月，正值初夏时节，那时我来北京有好几个月了，虽然一直想去北大看看，但为生计所迫，一直在朝阳区的一家杂志社做文字编辑和记者，正在苦苦工作积攒谋生的技能并时时留意拓展其他生存渠道。当时的我只想着完成工作，先在北京稳定下来，有点时间读书，然后再抽个时间去北大旁听，亲身感受一下北大的人文气息。

从少年开始，我一直就有一个梦，就是想当作家。也因为这个，早在读中学的时候，我就开始有偏科的倾向，数学课上读文学书，初三那年，我就读了大学中文系本科学生读的《文学的基本原理》。父亲看到这个现象，曾经制止。然而，那种发自生命内在的爱好，岂是能制止得了的？以后，我读了一所三流院校的中文系，与我心目中的文学差距很大，曾经失落了很长一阵子。做记者的空闲时间，我挑灯苦读，准备研究生的考试，可是有两年时间里，专业都通过了，外语没有过关，我这辈子似乎与中文系无缘了。眼下来到北京，昔日的梦想似乎又被点燃了，对此，我怎能不兴奋呢？我暗想：此生即便不读研究生，哪怕在北大中文系旁听完全部课程，再去乡村修理地球，我也再无遗憾了。

于是，一个宏大的计划形成了：2007年开始，我计划要在北大旁听中文系、哲学系的课程。这似乎几乎是不可能的事情，然而，到2011年，我用四年的时间完成了。完成是一种成功，成功对于一个小人物来说，可能会产生一种孤独求败的落寞。

现在回想起那段煎熬的日子，我领悟到：我之所以能改变命运，是因为受够了生活强加在我身上的贫困，更主要的是精神的荒漠。

因为我一颗不安于现状的心。正是这种不甘心，改变了我的一生，让我过上了自己设计的生活。如果我总是认为成功离自己太遥远，不是我能追求的，认为贫困就是我的命运，我依然还得过着那种日子，我也不可能过上好日子，那么我可能今天还是个体制内的小职员，眼巴巴地盼望着工资什么时候上涨！

生命的轨迹从来是曲折的

每个人都会有一些磨难，或大或小，或苦或痛，或因思想，或因经历，一段情，一种痛，一种幽思，就像皮鞭抽打你一样，而生命也一样，在痛苦的挣扎中，在反复的思辨中，才能磨炼自己的意志，生命才能得到升华和历练。化蝶成蛹，是生命的蜕变，在这个过程中，生命的轨迹从来是痛苦和曲折的。

十多年以前的某个上午，一个年轻人在S城的酒店附近焦急地走来走去，他停在十字路口，神情显得落寞而又忧郁，初冬的风飒飒响起，吹撩起他单薄的衣衫……

这个年轻人就是我，孤单，寂寥，缺乏归属感，在那个灰色空荡的小城里，没有一个人可以倾诉，四周令人窒息的空气无时无刻不在重压着我。后来，我在酒店对面的公用电话亭里打电话，认识了一个名叫王强的年轻人，电脑技术很好，在他的帮助下，我开始学习上网，从简单的“注册”“复制”“粘贴”和发邮件开始了我的网络生涯。那天下午，我十分兴奋，王强还帮我从网上下载了《读书》杂志十年的电子版，那种惊奇激动的心情，对于一个正处于苦闷渴望交流的青年人来说，可想而知。

以后的日子里，我光顾了很多网站，认识了一批网友，和一批民间的思想者有幸交流，如果不是网络时代，这是绝对不可能的。

多年网络生涯，一批优秀的学者和民间思想者进入我的精神视野。当然，我在这里也认识了好几位北大毕业的朋友，深刻影响了我以后的人生道路。网络改变了我的思想，网络为我战胜苦难提供了精神上的动力。在长篇自传随笔《暗夜里的过客》中，我把自己称为“奴隶”。对于一个失败的“奴隶”而言，为了生活下去，除了拼命地消耗自己的体力之外，必须产生精神上的自觉，还得被迫捍卫自己在现实中的具体生存权利。在年复一年生存的煎熬之中，为了缓解生存的压力所带来的精神绝望，于无边的夜色之中，写下一行行充满疼痛感的文字，算是冷硬的生命在荒寒大地上的足迹。

鲁迅曾说：“一要温饱，二要生存，三要发展。”对于自由知识分子而言，思想的独立很大程度上取决于生存的独立性，生存的独立性依赖于经济的独立，离开了这种独立，很难做到不投靠权贵和政治不依赖体制。自由思想之路，对于我而言，的确艰难，注定曲折。

前不久收到一封读者的来信，他是1987年出生的，大学本科、研究生学医，目前是“北漂”一族，生存之余，选择孤独地思考、读书和生活。谈及阅读《问道北大》一书，感受颇多，为了研究人生和社会问题，他也曾花大量精力读书，读近现代心理学书籍、哲学书籍、经典文学名著等，又读《鲁迅全集》和《胡适文存》……他曾不断地思考当今社会的现状该如何改变，曾长久地被尼采和鲁迅的深刻的反省和揭露的现实所折磨，以至于有时他真有一死的决心和妄想。然而为什么又不呢？他说，大致有几种东西无形中支撑着他活下去：

其一，就是他的父母和爱人。

其二，就是他的本能地要生存的意志（这也是他为什么如此着迷于尼采和鲁迅的原因吧）。

其三，如果说得广大一点，那也许是叫作基督徒式或者菩萨心的慈悲和博爱之心吧。

其实，只要耐心观察，便不难发现，类似上述这类爱思考和追求真理的青年很多。我把这样的青年称为“民间思想者”，也是王小波所说的“沉默的大多数”。他们也许无法通过考学改变卑微的命运，异乡谋生的困境和资源匮乏导致打工致富的梦想离他们很远，在剧烈转变的社会中，伴随他们的只有惨淡的人生。在这样剧烈动荡又希望渺茫的现实中，越是心有梦想而存慧根，想守护着什么的人，越是自绝于这个环境，所谓“越有梦越痛苦”。他们或许忙碌得没有时间也没有条件做学问，或者是说，他们根本无力用这样的话语方式去构筑自己的精神生活，他们没有条件上网，他们没有时间写作，也或者，我们常常以为，他们没有自己的精神生活。但是，他们仍然在思考和奋斗，因为生命的轨迹从来是曲折的。

失败和痛苦都是人生最好的机遇

成功是“逼”出来的

真正大彻大悟的人，必定是自觉、自知、自信、自强、自胜（大爱）的，这是心智成长的过程。

面对当下，很多人总感觉有一种无力感，觉得自己被环境、被现实限制住，其实是自己限制了自己。我们需要一种力量，来突破局限。这种爆发力源于心灵与思维，源于我们自己的心智。

遇见一个文友，他在外打拼多年，收获了金钱、房子。我看见他时，他两眼无神，目光憔悴，一副疲惫不堪的样子。我跟他谈起当年在一起切磋写作时的情景，他苦笑道：“我很早就已经不做文学梦了。”我说：“你这么多年的努力，毕竟有了回报，也有不少同龄人羡慕你。”他叹了一口气，悠悠地说：“如果生活安逸，我也不愿出外闯荡，成功是‘逼’出来的，这么多年我学到了很多东西。”

人在最基本的动物本能和自我保护本能以外，还有两个更高级的追求：一是占有更多物质资源；二是渴望得到别人和社会的认可。特别是，人强烈要求作为一个具有一定价值和尊严的人而被认可。因此甘愿为自己的名誉而进行斗争，甚至甘冒生命危险。在生命的绝境中，我们不得不作出这个痛苦的“冒险”。

时刻告诉自己：我并没有失败，只是暂时没有成功！别说你没有背景，自己就是最大的背景。“起得比鸡早，睡得比狗晚，干得比驴多，吃得比猪差”，这是很多刚刚毕业的人喜欢用来调侃自己生活状态的话。虽然有点儿夸张，但是值得我们学习。面对困境，就不能画地自限，而是要勇于接受挑战。惯性思维奴役了我们！对畏缩的人来说，真正的危险正在于不敢冒险！跨越栅栏，你就拥有一片灿烂的人生。

其实，我又何尝不是如此呢?

造化弄人。面对试炼，接招还是放弃，能由得我吗？看来上帝就是让人故意放逐于世间，就是要我在苦难里熬炼，以考验我的终极承受力。我现在所取得的进步与几年前果断走出S城的努力是分不开的。因此，我觉得只有年轻时开阔眼界，今后的人生道路才会宽阔。趁早去拓展眼界，见识一下外面世界的不同，了解一下不一样的文化，认识不一样的人，能够帮助我们拓展思路，想别人没有想到的，从而开辟属于我们自己的人生路。一个大的平台还能使我们懂得变通，适应新环境，接受新理念，让我们的大脑变得更灵活，从而想出更好的办法来解决人生、生活和职业中所遇到的诸多问题。我在北大学习，知识领域得到拓展，眼界得到开阔，思维得到训练，能力得到提升。站在一个较大的平台上，我观察人、事态、局势、人情等社会和生活的各个角落，全面去了解、分析、判断自己所面临的境遇，从而作出对自己最为有利的决定。

我并不是说，一个人非要跳出体制才能干出大事，很多人都是在体制内做出大事情的。适应体制和抓住机遇，也很不错。但具体到我来说，活得很沉重、很失落。我觉得我的生命很弱小，经受不住风雨，再在体制内待下去，麻痹了翅膀，会忘记了自己需要成长，变得懒惰、无聊和平庸；身边有太多类似的人，忘记了应该去经历，变得胆怯、狭隘和固执。

其实，要不是S城环境的恶劣，要不是人性的全然败坏，我就打算在那里生活一辈子了。不是很重的鞭子抽在身上，人是不会拼命反抗自己命运的，明知道是失败还要反抗，这就是鲁迅所说的“反抗绝望”。在S城里，人性的高贵节节败退，胜利的是丑恶。

多年以前，我读到司汤达的小说《红与黑》，被于连的话打动了：

“先生们，我没有这个光荣属于你们那个阶级，你们在我身上看到的是一个农民，一个敢于抗争自己卑赋命运的农民。我绝不会请求你们的饶恕。”语气铿锵有力。

只要拂去阴霾，就能亮出朗朗晴空。一个人的瞬间改变，可能因为激情、意志、力量、出其不意等。就像托尔斯泰作品中的人物一样：人越是有自我改变的力量、奇念、智慧，他就越是他自己，他就越是一个个体。无论将来如何，我想，绝对不能死在S城。

人性的诡诈与恶毒、社会残酷的竞争，曾经使我茫然无措，失去对抗的勇气。这样的生活现状让我感到无限焦虑！在严酷的现实面前，个性和自尊迫使我绝不低头，而现实毫不留情地不断地对我施于摧残。这样的时候，我只能凭着自己倔强的性格坚持挣扎、抗争，寻找暗夜里的大光。我知道，像我这样的人很多，他们苦苦挣扎在生存的苦难中间。许多的所谓世界的强者，他们把幸福建立在他人的痛苦与对他人的压榨上，他们却关闭心门来安享，根本不关心世界的冷暖。这时，那些在苦难中的人们，他们将从哪里获得安慰和帮助呢？谁能够成为他们的拯救和希望呢？我深信这个世界有大爱，有慈悲，有大自在，否则这地球只配毁灭！

《肖申克的救赎》告诉我：只要不放弃，拥有信念与智慧，就会有希望。在S城那里，虽然外部环境恶劣，我始终都有一种生命的韧性，无论遭遇什么样的外部挤压，我都能坚持下去，乐观地坚持下去。面对荒诞丑陋的世界，活下去，承受自己的痛苦，担当自己的孤独，拿出自己的质量，让自己首先成为有主体性的自己，以超拔的生命气质，活出生命的硬度。

在绝望中寻找希望

一个人成长的过程是一个不断在绝望中寻找希望的过程。没有绝望就无所谓希望，没有遭遇过挫折和失败的人生是不丰富的人生，就像白开水，纯净却没有味道。我在自己的生命历程中遭遇了很多次失败，但也正是这些失败及其背后隐藏的机会最后成就了我。我觉得，承受失败的能力和勇气是一个人最重要的素质之一。

我很喜欢的一部电影名叫《肖申克的救赎》。主人公安迪由于意外的谋杀案，被错误被判入狱。然而，向往自由的他并没有绝望，时刻想着寻找希望并付出行动，从进监狱的第一天起就在救赎自己，从心灵，也从身体，最终，他成功逃出肖申克监狱，完成了自己的救赎。为了越狱，安迪用20年的时间去砸出一个逃洞，然后越过污泥、污水，在雨中拥抱自由。

典狱长递给安迪一本《圣经》说："救赎之道，就在其中。"肖申克——这个监狱更多的是一种象征意义，象征着桎梏，象征着我们无法逃脱的困境，象征着红尘，象征着每个人的人生。懦怯囚禁人的灵魂，希望可以令你感受自由。强者自救，圣者渡人。安迪说："不要忘了，这个世界穿透一切高墙的东西，它就在我们的内心深处，他们无法达到，也接触不到，那就是希望。"瑞德也说："有些鸟儿是关不住的，他们的羽毛太鲜亮了。"个人遇到困难，陷入困境时，都希望得到上帝的帮助。实际上，世上根本没有什么上帝。真正能解救自己的人只有自己。

安迪启发我，救赎自己要靠自己。其实，我也是这么做的。来北京之前的几年时间里，因为我不愿意依附于权力，致使在现实中的生存空间遭到严重打压。清楚地记得，原来单位那个小吏揶揄着对我说："靠个人奋斗路途遥远啊……"又阴阳怪气地说："此地不留爷，自有留爷处呀！"必须承认，严酷绝望的现实最终逼迫我下定决心走了出去。但是，真正促使我走出去的力量来源于我对现实的深刻怀疑。那就是，这样的生活有意义吗？

鲍鹏山先生在北大演讲时，有一句话，我记得十分清楚：就知识总量而言，孔子可能不如我们今天的一个初中生，但是孔子的伟大不在于他的知识比别人多（当然在孔子生活的春秋时代他的知识是远远超过他的同代人的），而是他是一个有理想和伟大担当的人，他提出的"仁者爱人""有教无类"和"忠""恕"等思想，皆具有穿越时空的普世价值。学习孔子的思想虽然不能直接帮助今天的大学生找到好一份工作，却可以让当代大学生成为君子，成为好人。是的，读《论语》的最高境界就是让我们知道什么是是与非，什么是善与恶，什么是美与丑；什么可以做，什么不可以做；什么可以说，什么不可以说。也就是说学习孔子可以提高我们个人的价值判断力和认知能力。鲍先生尖锐地指出，当今总有一些掌握话语权所谓的专家学者，缺乏孔子那样的道德良知，也没有是非观念，动辄在公众媒体上发表不负责任的言论，贻害社会。

相信自己，不放弃希望，不放弃努力，耐心地等待生命中属于自己的辉煌，这就是肖申克的救赎。真正的强大，是来自于内心的信念，而非世俗意义上的强大，比如金钱、地位、权力、文凭、容貌……处于心理弱势时，要努力获得这种“心理的大”，只要能够打破这种心理结构，就可以获得心理优势，获得正确的价值判断。

大约从那个时候起，我就开始关注信念的力量，即便身处困境之中，也不放弃在绝望中寻找希望。鲁迅先生曾说，“绝望之为虚妄，正与希望相同”！面对困惑和彷徨，先生笔下的过客执着现在、反抗绝望，体现一种精神救赎的方式。这曾经给我以力量。

下面我来讲述对我生命有转折意义的两次失败。

第一次是我的考学。作为一个乡村出来的孩子，离开土地是那时最大的理想，由于家庭和经济原因，当时不得不缩短学习时间，以至于后来只读了一年多普通高校的中文专业，留下了遗憾。

另一次是文学梦的破灭。学生时代起，我就发表了不少诗歌，很早就已经是校园诗人了，可回到S城里，环境很是恶劣，周围几乎没有学习的气氛，周围人整天是喝酒、抽烟、写点新闻稿和混混日子，这样的日子让我度日如年，我就决心复习考研走出S城，由于诸多原因，我虽尽了最大努力，然而因外语基础差没能过关。

为了挽救命运的困境，我没有颓唐下去，无论从生存还是从学习上面，我都制订计划一步一步努力。失败固然可惜，但可以从生命的磨难和失败中成长。如果我安于生命的挫折，不思进取，将会没有任何出路。其实重要的不是我们的生命中经受了多少失败和痛苦，而是我们对待生命的态度；只有在积极面对的态度下，我的生命才能丰富和多彩，也才能够知道如何处理日常生命中的逆境。

有统计数据表明，在北大、清华这样的好学校，有心理健康问题的同学占到20%以上，有比较严重心理问题的占到5%，而且有时会有自杀事件。我觉得，这是很可惜的。很多处于生存劣势的人都没有自杀，为什么智商很高考到北大、清华的学子要自杀？这是值得思考的。我在北大学习时，听过很多名人的讲演，包括中国著名的教授、思想家、法师、作家，著名的企业家、演员、歌唱家、相声演员等，他们不约而同谈到了自己曾有过生命低潮和不如意的时候，但都坚持挺了过来。可见，问题不在于有无困境，而在于用什么态度来面对。要摆脱绝望，除了巨大的毅力和勇气，还需要特别的洞察力，因为困境很是迷惑我们。

现代人仍需要仰望星空

在北大，李超杰先生讲哲学时，深入浅出，很吸引人。记得他曾讲过这么一个故事：

据柏拉图的记载，有一次，古希腊第一个哲学家泰勒斯因仰望天空探究宇宙的奥妙而掉在了脚下的水坑里，于是人们就嘲笑他说：当他能够认识天上的事物的时候，他就再也看不见脚下的东西了。据亚里士多德的记载，为了回应这种嘲笑，泰勒斯利用自己掌握的天文学知识，预见来年橄榄必获丰收，于是就低价垄断了这一地区的橄榄榨油器。待到来年橄榄收获时，他用自定的价格出租榨油器，赚了一大笔钱。泰勒斯表明的是，如果愿意的话，哲学家是很容易得到财富的，只不过他有更高的志趣。两千年以后，黑格尔就此说出了一番颇为耐人寻味的话：当人们嘲笑哲学家的时候，“他们不知道哲学家也在嘲笑他们不能自由地跌入坑内，因为他们已永远躺在坑里出不来了，因为他们不能观看那更高远的东西”。

上述误解表明：由于“不实用”，仰望天空追求智慧的人在日常生活中甚至表现得比普通人更“傻”、更“拙”。康德的墓志铭上刻着一句话：“有两样东西，对它们的盯凝愈深沉，在我心里唤起的敬畏与赞叹就愈强烈，这就是：头顶的星空和心中的道德律。”多年以来，它铭刻在我的心头。但在这样精神荒芜“快餐”文化的背景之下，我们的眼睛缺少了泰勒斯、康德们一样对于星空的惊异或好奇，在很大程度上已经没有了先哲们的那种敬畏之心。

“仰望”意味着虔敬、守诺、皈依、忠诚之类，失去星空的神秘、诗意、纯净、浩瀚、深邃和庇护，人的精神夜晚该会多么黯然与冷寂。

仰望天空是为追求智慧，幸福生活是需要有智慧之光的指引才能得到的。怎么得到智慧呢？我们可以通过知识而接近于智慧。但你要知道，知识只不过是追求智慧过程中的媒介，还不是智慧本身。理性固然是追求智慧的重要工具，但不是唯一的，也不是最重要的。胡军先生说：“我们要学会用我们的耳朵去听，要敞开我们的整个胸怀，运用我们的整个身体、整个心灵、整个生命去感受，去听，去探索。也即一个人的整个存在都在听，在感受，在寻找，在探索。”这里的关键是要能真正地有一颗空灵静谧的心，那么即便是在喧嚷嘈杂的闹市中，也会得到生活的妙趣。心静也就自然一切皆静。胡先生说话幽默，很有智慧，爱举例子。记得，他也说了一个故事：

梁漱溟年幼时，很爱一个人思考问题。有一次他问家中终日辛苦劳作的保姆，她的生活苦还是不苦。保姆答道：“不苦啊！”这一回答使梁漱溟幡然醒悟，意识到所谓的幸福生活并不存在于外在世界之中，幸福原本就是我们对生活的一种看法。物质生活的充裕虽然重要，但对于人的幸福而言最重要的是精神世界。于是他便沉溺于佛学典籍，想在其中寻找生活的真谛，抛却青春期的无限烦恼。如果我们有着崇高伟大的精神世界，那么我们无论在什么地方什么时候都能感觉到幸福或美好的生活。若如此，则幸福或善或美便会无处不在。宋明理学家教人寻找所谓的“孔颜乐处”，事实上要人寻找的就是使人达到一种崇高伟大的精神世界。得到了这一境界，也就得到了生活的幸福或乐处。颜回就是处于这样的境界中的人，“一箪食，一瓢饮，在陋巷，人不堪其忧，回也不改其乐”。

因此，幸福生活并不决定于外在的世界，只有在精神世界中才能寻得到，只有在静坐思维中通达了人生真谛、拔除了产生人生种种痛苦的根源后才有可能过上幸福的生活。可见，幸福首先是人对生活的一种看法，是人对生活的一种态度。

现代人仍需要智慧。《庄子》一书的《秋水篇》有“以道观之”和“以物观之”的说法。“以道观之，物无贵贱。以物观之，自贵而相贱”。这是说，从“道”的观点来看，万物之间是没有什么贵贱之别的，但如果从“物”的观点来看则不一样，总是认为自己是贵的，别的物是贱的。“以物观之”说的就是人的智慧，“以道观之”则类似于苏格拉底所说的神的智慧。古希腊哲学家苏格拉底认为智慧可以分为两种，一为神的智慧，二为人的智慧。他认为，在神的智慧面前，人的智慧微不足道。那么，究竟我们如何达到“以道观之”的境界？西方哲学特别依赖逻辑分析。冯友兰认为，不必依赖概念，必须借助于静默的自觉的方法进入“天地境界”。六祖慧能倡导“顿悟”成佛说，主张不立文字，直超顿悟的方法契入佛理。

回望自己的过去，从江南到S城，从S城到北京，我一直在追寻着自己的精神家园，仰望浩瀚的星空。从鲁迅、俄罗斯文学、国学和西方哲学，我一路探索。

2004年，当时天涯网最牛的版块是关天茶舍，我就混迹在这里，时时做知识分子状，指点江山，激扬文字。在这里，我逐渐认识了一批“民间思想者”，相似的你我、老村、老金在线、老酷、南朵、陈愚、闻中、默立寒江、前身汉武帝、江登兴、摩罗、羽戈、朱病起、阿啃1919、梁卫星、李杜韩，好多好多。这里除了“前身汉武帝”是北大的博士，其余人都是非北大的。但是，大家都有相似的精神背景，比如都喜欢鲁迅，都对北大背景的钱理群、余杰、刘小枫有兴趣，也都对公共社会问题有所关注。

后来我去了北大学习。无论如何，这里曾是我的精神家园。2004年，我写过一本书《坚守与突围》，表达了对良知、美好与信仰的守望。

那一刻，带着摆脱精神困惑的渴望，我与一种高贵的精神不期而遇：普希金在呼唤自由与光明，高唱爱情与友谊之歌；屠格涅夫带领着人们走进俄罗斯的森林和草原，享受温煦的阳光，倾听那来自白桦林的声音；托尔斯泰散发着太阳般的光芒，引领“羊群”走进他的“基督”，走进“爱”的世界；陀思妥耶夫斯基带来的则是阵阵阴风，从那黑暗的深处不时传出一声声弱者凄惨的呻吟，像一把尖刀刺透人心……在俄罗斯那些曾有过的黑暗里，这些高贵的头颅发出他们的声音，反抗着非人奴役，这些都给予了我一种精神强力。

我人生中的几十年，有一段在S城，有一段在芜湖，有一段在北大，还有一段，我不知道应在哪儿？或许应在寺院，或许应在教会，或许应在天地自然中。我告诉自己，渐渐成年，渐渐知人世，但我确实没有做好和世界同流合污的准备，我不是勇敢的堂·吉诃德先生，无力与一个永无止息的巨大魔怪搏斗到底，但我内心坚信：对地球人来说，星空即唯一的上苍，也是最璀璨的精神屋顶，它把时空的巍峨、神秘、诗意、纯净、浩瀚、深邃、慷慨、无限……一并交给了我们。王尔德说：“我们生活在阴沟里，但依然有人仰望星空。”这么多年，辗转于S城和北京之间，很久没有邂逅星空了。

离开因缘和条件无法成就

有个读者，看了我的《北大偷学记》。

他最近很是苦恼，原因是自己考入了“二流学校”，读的又是省里的一所师范大学，最近他流露出悲观的情绪，向我抱怨说：“这所大学图书馆又小又破，老师不行，误人子弟，一位老师甚至像教小学生一样，是混日子的，山沟沟里封大王，还自我感觉良好，学生无所事事，感觉在亲眼看着自己的生命死去……”

诚然，“二流学校”在很多方面与北大这样的名校是有些差距的，比如环境、校风、师资、设备、与国外院校交流的机会都是名校占优。这些都是事实，无须回避。问题是，不读名校，并不意味着自己就是平庸的。考不进名校的原因有很多，有些是偏科，有些是发挥失常，不能气馁。

古人云：“法不孤起，仗境方生；道不虚行，遇缘则应。”即是告诉我们：一切事物的存在都离不开其因缘和条件。做任何事情，离开因缘和条件无法成就。师资条件不好，学校环境差，没有发展空间，这些都是缘（外缘），关键在你自己（内因）。在没有良好外部条件的情况下，假若要有所成就，就要付出比名校学生更多的努力。

社会最终都是很现实的。即便你是名校学生，假若没有很强的操作能力和解决实际问题的能力，照样被社会淘汰。这样的例子有不少。仔细考察成功的原因，就会发现，学历只是其中一个方面。有一句话不是这样说嘛，学历是铜牌，能力是银牌，人脉是金牌，思维是王牌。与其抱怨进入“二流学校”或“三流学校”，不如内因上先苦练功夫，毕业后这五年就是练内功的最佳时期，练好内功，才有可能在未来攀得更高。

人的命，三分天注定，七分靠打拼。因此，我建议从现在起，给自己制定一个学习计划和职业规划。问问自己：如果要达到这个目标，“第一步”应该怎么走？也许是读书或工作。下一步，围绕这个目标苦练内功：

第一，勤奋。做事要非常认真，再苦、再难、再累，也要能咬牙挺过来，这种特质尤其需要当今年轻人学习。

第二，付诸行动。当你想做某件事情时，应当立即在行动当中表现出来。

第三，利用图书馆、网络等各种途径学习，以弥补学校条件的不足。

第四，谦卑柔和。谦卑不是自卑，而是智者的作风，仁者的度量。谦卑柔和，善待他人，值得时刻铭记。有了谦卑的心态才能学习别人的长处和优点，让自己有洞察力。怀有谦卑的心态，周围的人才会帮助你，周围看得见以及看不见的能量才能聚集到你的身上。

第五，心胸开阔。心胸开阔宜养性，是人富有涵养的标志。心胸开朗，超越所有的利害得失、超越一切的成败是非，有这种超越的观念和心态，就不受环境局限了。

第六，坚韧毅力。面对困难，不要畏惧。独生子女就比较敏感，很难承受压力。因此，要学习那种坚忍不拔的精神。

第七，内在灵性的修炼。即把自己的贪心、嗔恨、我执、傲慢、怀疑等影响本性的东西，通过一些方法修正过来，修正为光明、清净、慈悲、智慧、包容等正面思想。灵性的成长，是每个人必须面对的一项最基本的修行。

假若照着上述七个方面做了，“二流学校”或“三流学校”出来的学生，其实一样可以“出人头地”的。简单说来，所有的事情都要以修炼自身作为基础，有了这个基础，也就有了一个良好的心态，这种心态是一种积极、向上、乐观、友善、对别人有益的状态，而这种愉快的状态也会传递给更多人。自然你也会成功。

亨·奥斯汀曾经说过这样一句话：“这世界除了心理上的失败，实际上并不存在什么失败。”世上无难事，只怕有心人，只要用心，世上就没有做不成的事。在心理学中有一个著名的“约拿情结”，其代表的是一种机遇面前自我逃避、退后畏缩的心理。约拿是《圣经》中的人物。据说上帝要约拿到尼微城去传道，这本是一种崇高的使命和很高的荣誉，也是约拿平素所向往的。但一旦理想成为现实，却又感到一种畏惧，感到自己不行，想回避即将到来的成功，想推却突然降临的荣誉。这种成功面前的畏惧心理，心理学家们称之为“约拿情结”。

当初，我进入北大旁听学习，有时爱拿北大学生的优点轻视自己，事实上呢，这是不自信的心理，北大人固然有北大人的优势，我自有我自己的优点，何必这样轻看自己呢？若以平常心看北大，假若没有如此好的平台，即便再优秀的学生恐怕也未必就能出类拔萃的。

如今就业形势非常严峻，连一些北大毕业的学生也有败于竞争的，这说明社会还是比较公平的。就说俞敏洪吧，他是北大英语系毕业的，早年创业时期他只是一个拿着报糊刷招生广告的北大书生，他在演讲时说：“清华大学的高材生进入公司第一步必须从打扫厕所开始做起，如果一个高材生打扫厕所做得都很好的话，那他干其他工作一定不成问题。”北大学生有明显的智力优势，都有精英情结，但在具体生存技能上未必就比“二三流学校”毕业的学生强，不少大学生就做起了“环卫”“卖肉”“修鞋”“陪聊”等工作，而且做出了成绩。

因此，克服心理问题，改变认知，要增加自信心，经常自我鼓励，暗示自己“我能行”，不要把失败归因于社会以及环境的影响，要主动从自己身上找原因。

决定人生未来的三要素：智商、情商、逆商

俞敏洪曾在演讲中，决定人生未来三要素：第一大要素叫作智商，第二大要素叫作情商，第三大要素叫作逆商。对于此话，我有自己的心得。

什么是智商呢？我们知道，在学校学习，智商高的能考上重点大学，智商低的只能上三流大学。有些人，从小到大，智商一直占据比较优势的地位。北大进来的都是全国各个省的高考状元，而且大部分都是应届毕业生。其他大学跟北大同学比，一般智商是比不过的。

比如，前不久新闻报道的北大学生周浩，很“另类”的一个人，他放弃北大去技校做工人，一时舆论哗然。周浩就是一个高智商的人，据他自己说：“考上北大，我并没有像大多数人那样，费尽九牛二虎之力，对我来说这是件水到渠成的事。”他说自己在大学之前的学习生活，一直从从容容，就是到了高三临考前，也没有像别的考生一样感到“压力山大”。高考时，周浩不负众望，考出了青海省理科前五名的优异成绩。可是，对于大多数学生来说，即便再怎么刻苦努力，也只能考到一般大学。

另外一个是情商。什么叫情商？简单说来，就是做人做事的智慧。智商是成功极其重要的因素，有了高智商，你就比别人聪慧，学习和接受能力强。但是影响一个人一生的，更多的还是你的情商。在现代社会有不少大学生，都说他是聪明的，高智商，定能大有作为。但事实相反，很多人长大后碌碌无为。为什么？这是因为，有的人虽然很聪明，但是性格孤僻，怪异，不合群，不宜合作。有的自卑脆弱不能面对挫折。有的急躁，固执，自负，情绪不稳定。有的冷漠，易怒，神经质，与周围的人很难沟通，对人苛刻挑剔，不能原谅人。有的以自我为中心，什么都是我、我、我，不关爱他人，不关心他人，总喜欢周围的人围着自己一个人转。一个人再聪明，再有智商，如果情商很低，不懂得调节自我身心，不懂得与人交际，那么也是很难成功的。

最后一个是逆商。逆商就是面对生活中的苦难、灾难、不幸和挫折，你所要采取的生命态度。如果留心新闻报道，就会发现近年来许多犯罪分子具有超常的智商，特别是在一些经济犯罪、诈骗犯罪、贩假、贩毒等案件中，罪犯都呈高智能化，智商较低者很难想得到、算计得到。

再说一个北大学生的例子。2014年9月19日，北大一学生因盗窃被抓。学习上，这个学生一直优秀。2006年高中毕业后，他考入了一所不错的本科学校，2010年，又考入令人无比羡慕的北京大学，在该校攻读研究生。其间，认识了一生挚爱的女朋友。2011年冬天，女朋友意外怀孕，后被迫一个人做了人流手术，并且要和他分手。

那天之后，他和女朋友的感情更进一步，但也是从那天开始，他的心态发生了转变，他自述：“残酷的现实泯灭了我原本单纯的良知，人性剧烈扭曲，我切身体会到金钱极为重要，没有钱什么事都办不了。”此后他变得急功近利，逃课去校外做兼职。为了兑现承诺，他开始透支信用卡，用各种方式拆东墙补西墙，不时还向朋友借钱，而自己则更加节省。但这样的生活让他整个人成天浑浑噩噩，身体每况愈下。最后，他走上盗窃的道路。

世上万物，生命最为宝贵，人生的乐趣存在于不断克服困难前进的过程中，把这种不愉快看作是对自己的砥砺，通过这种磨炼使自己尽快成熟起来。从这个角度看，所面临的境况，恰恰是你成长过程中的一笔财富。当我们身处逆境时，要始终勉励自己，变逆境为机遇，把命运掌握在自己手中，不可随波逐流、自暴自弃。只要自己不倒下，没有人能够打垮你。只要愿意，任何一个障碍，都会成为一个超越自我的契机。面对顺境，我们要心存感激，遭逢逆境，我们要懂得感恩。

锻炼吃苦的能力

一位著名作家曾写道："不愿吃苦、不能吃苦、不敢吃苦的人，往往会吃苦一辈子。"这句话说得很精辟。年轻人各方面的能力、经历都不是很丰富，因而要通过不断地吃苦、磨炼来提高自我。

几年前，我在北大的一次企业家培训会上，认识了一位温州商人，交谈之中很是投机，就成了朋友。这位商人，只读到小学五年级，身价10多亿，经营范围横跨服装、建筑、珠宝、旅游等领域。当问及成功的"秘诀"时，他说了三个字，"能吃苦"。后来交往渐渐多了，我对他的创业经历有了更多的了解。

温州人为什么会有这么大的能力遍布全国乃至全球呢？确实与能吃苦有关。温州人能吃苦是人所共知的，在每一个温州人身上都有着浓厚的吃苦精神，他们的吃苦精神具体说来可以概括为以下几个方面：

一是不怕吃苦，勇敢面对。苦难可以折磨人，但也能锻炼人；面对苦难，温州人不曾去想苦难的可怕，而只是一心想办法去克服，让苦难为己所用，成为一种财富。

二是以苦为荣。在温州人中普遍有这样一种认识，你生活贫穷苦难这都不算什么，但是只要你肯吃苦、肯辛苦去改善这一切，这样的人都是受到人们尊敬的；最怕的就是你贫穷受苦却无所作为，这样的人是最为温州人所瞧不起的。

事实也确实是这样，苦难没有什么可怕的，因为苦难并不是永远的事，只要我们去奋斗，苦难就一定可以成为过去；可怕的是缺少战胜苦难的勇气。只要我们不被自己打倒，任何苦难都不是问题。

而且，苦难在很多时候还对于我们有着重要的意义，它让我们学会拼搏。过于安逸的生活，会使我们的生存能力退化，而苦难可以说是锻炼我们生存能力的最好条件。

很多温州人创业，一无资金、二无门路，甚至没有多少文化，他们几乎无一例外是靠吃大苦、赚小钱才完成原始积累的。他们身体上不怕劳累，心理上不怕折磨，事业中不怕起伏，创业中不怕艰险；他们能吃苦，敢吃苦，并且以苦为乐。

有位著名经济学家从经济学角度将温州人艰苦创业归结为“四千”精神，就是历尽千辛万苦，说尽千言万语，走遍千山万水，想出千方百计!

“能做别人不愿做的事，能吃别人不能吃的苦，就能挣别人挣不了的钱”，“哪里最艰苦就到哪里去发财”，这不仅是温州人赚钱的经营总结，更是他们赚钱的行动指南。

温州人凭借能吃苦的精神和敏锐的市场嗅觉，发掘消费者喜爱的产品，为他们提供所需的服装，适应人家的要求，才能生存，才能赚钱，才让自己的事业打下基础。

的确，在同等条件下，吃过苦的孩子成功率要高一些。所以，我们在大学时就必须有意识地锻炼自己吃苦的能力。另外，实践证明，能吃苦还可以提高一个人的情商。

一个能吃苦的人，不容易被困难吓倒；一个能吃苦的人，不容易随便失志；一个能吃苦的人，他有内在的勇敢和镇定，而不是外在的血气和鲁莽，他有智慧，有远见，因为苦难锻炼了他的品格，铸就了他的人格，赋予了他生命新的内涵。

读过路遥小说《平凡的世界》的人，都知道，主人公孙少平面对苦难并没有低下头，而是更坚强地成长。孙少平不仅有理想，更有一种吃苦的能力，小说里刚出场的他，是每顿饭必须到食堂领两个黑馍而感到寒酸自卑的穷学生。他穿着不能保暖仅能遮羞的破烂衣服，每天啃着两个黑馍维持在学校的半劳动半学习的生活。靠着强大的精神世界，他从饥饿、贫寒、自卑的煎熬中挺了过来。

1992年9月，我远到江南读书，那阵儿身高不到1米7，体重60公斤，又瘦又小，不像现在人也胖了。两年学习结束以后，我们就被安排在机床厂车工车间实习。车工车间，铁屑飞溅，流光溢彩，我戴着大厚帽子，和师傅认真学习车工的操作技术，跟着师傅干活，要不怕苦不怕累，一干就是一整天，累得腰酸腿疼，遇到加工复杂的活，更是反复钻研，细心揣摩好半天。没有吃苦的毅力，这活根本干不了。操作车床时，穿上粗布制服，防止飞溅的铁屑烫伤皮肤，精力必须集中，否则容易出事故。有一次，由于力气不够，我用力将铁毛坯卡在车床上，谁知毛坯没能卡紧，机床启动飞速旋转时差点飞出，吓了我一身冷汗。所以我一刻也不敢懈怠，只有咬着牙干，从机床厂干完活下来，还要洗衣服、煮饭、打水、扫地……在S城工作时，刚开始交通不发达，要骑着自行车下基层采访，后来交通工具方便，才坐车下去。如果稍微懈怠，都无法坚持下来。来北大学习后，有时晚上下课结束，就已经是九点了，特别是冬天的时候，北京寒冷，冷风吹着树梢，我站在车站牌下，望着右前方太平洋数码城红亮的字浑身发抖，假若没有以前培养起来的吃苦能力，我可能无法坚持北大的旁听。

锻炼自己的吃苦精神和耐力是每一个人成长的必经之路。相较于舒适环境，艰苦环境对人的好处要大得多。在舒适环境里，人们常得意忘形，自以为是万物之灵。当苦难出现，人们才会激发斗志，人类必须借着苦难的考验，才能发现自我，觉察自己的潜能。只有经过苦难的考验，我们才能发觉人生是可贵的。如果没有吃苦的能力，就无法把命运从苦难的束缚中拯救出来，很难激发自己勇猛精进去求真、求善、求美。

在理想和吃饭之间

有人说，知识人群体在中国社会是一个弱势群体，而且中国的人文环境不发达、不完善，还有很多官本位思想。我自己的感触是，在中国做学问的确是一件很累的事情，很多事情并不是说只要我们有理想、努力工作就能实现，有很多外界因素会来扰乱你。现在，很多人做着发财致富的梦，金钱成了很多人的目标追求，甚至傍大款成为了某些人的思想。

比如，就拿我们这些追求真理、渴求知识的“北大旁听生”来说，带着对北大的热爱而来，纵然没有学籍，没有丰厚的经济来源，不断更换住所，仍然坚持旁听，因为北大给了我们一种人文精神的寄托，并以此作为自己的精神奋斗基础。但这些遭受某些人的大泼冷水。报载，“北大访问学者”龙定海言称“一群连吃饭都成问题的人能实现什么理想”？真是令人大跌眼镜!

“北大旁听生”怎么啦？！历史上的旁听生多了，毛泽东、丁玲、冯雪峰、柔石、瞿秋白、沈从文、孙伏园、曹靖华、王度庐、成舍我、金克木等，不都曾在北大旁听过吗？北大旁听生，在我观察大致有如下几种类型：一是北大本校不同院系的旁听者；二是北大周围兄弟院校的旁听者，比如我就经常碰到从中国社会科学院、中国人民大学、清华大学等前来旁听的学生；三是为了考研和自考的旁听者；四是游学者，为了自己的兴趣，或为研究某些问题，或为学习文学创作，或为补充知识，这些人旁听时间长短不一。我大约属于第四类。北大最让我感兴趣的是，教授们一般不是照本宣科，讲的都是思想文化，而且是自己的思考，这些让我受益匪浅，引发了很多思考。

吃饭和理想难道是冲突的吗？！不是。就我的感觉而言，人首先要有理想，大概有一个什么样的人生目标，然后再围绕这个目标，一步步迈进。当我们追求理想时，当然不能忽略实际的问题。比如在北大旁听的时候，可以在业余时间工作解决生计问题，假若处理好了，就很充实了。

最近，我收到一个读者的来信，信中说："您好！今年三月读过你的《北大偷学记》。我大学毕业后参加工作，对自己的工作状态很不满意，曾经考研，也想去北大旁听，可是家人却催促我快结婚。我该怎么办呢？如何面对父母，面对我的人生？"

说句实话，她的问题我无法回答。因为，我并不觉得自己目前所走的路就一定符合别人。我也经历过她那种考研的苦痛以及在单位上班的失落、郁闷与无聊。现在我想起了1925年3月11日鲁迅给许广平的回信中坦率地说过的话："假使我真有指导青年的本领——无论指导得错不错——我决不藏匿起来，但可惜我连自己也没有指南针，到现在还是乱闯。"我属于鲁迅所说的"乱闯的人"，一个索性乱闯的人斗胆聊聊：

人的一生，都在选择与顺应之间。在旷新年先生看来，按照与环境的不同关系，可以将人分为四类：有些人是顺从环境的，有些人是反抗环境的，有些人是改造环境的，有些人是创造环境的。大部分人都是属于第一类，有一小部分属于第二类。第一类人是常人，第二类人是斗士甚至烈士，第三类人是政治家，第四类人是隐士。我自己属于第四类。可是，在最初工作的几年时间里，我富有正义感，充满理想色彩，当然，现在隐匿了理想色彩。由于对于社会认识的浅陋，我的文章多有愤激，让人错误认为我致力于做“知识分子”，当然也可以说是优点。其实，我性格的主流还是第四类。因为人在年轻的时候，多少总是正直的，总是有冲动、有理想、向善的。我觉得大多数人，都是常人。常人的一个特征就是，在很大程度上顺应生活。我对于生活，既不是顺应，也非反抗。不知道她属于哪类呢？

她在信中提到的就业与考研（理想），确实属于比较具体的问题。对此，我也有过煎熬。理想每个人都有，但当你改变太难或付出过大时就要想想了。鲁迅有个学生叫李秉中，在军队当官，想辞职不干了，写信征求鲁迅意见。鲁迅反对，认为饭碗可以跟理想分开。鲁迅回信说：“人不能不吃饭，因此即不能不做事……我看在中国谋生，将日难一日也。所以只得混混。”连鲁迅也有“混混”的时候，况且你我？所以要低调一些。不要把二者绝对分开，一味追求理想，不顾生活实际，那就可能成为“幼稚”青年了。离开了现实，唱高调煽情的人，基本上都是巧言令色的。这样的知识人很多。

我大学毕业后曾经工作了几年，理想与现实的碰壁，一度让我郁闷，终于无法长期忍受，于2007年停职来到北京寻求发展。一边就业，一边北大学习，精神视野宽阔了，从生活到境界，提高不少。必须要提出的是，如果一定坚持考研究生，一方面专业准备充分，另一方面也要对前进过程中遇见的难题做好充分准备，不要过于理想。

鲁迅早就言及生存的重要，他曾经在小说《伤逝》里借助爱情探讨社会，对我们启发仍然很大。按照我的体验，作为一个有追求的人，要有长期的准备，要做坚韧的理想主义者，因为在当下中国，让你无法预料的困难有许多。

还有，我鼓励考研学习，可是不要太相信学校。学校只是让人度过青春期的时间。第二个真正教人的未必是学校，更不是教学大纲，而是周围的好学生，但更重要的是来自校外的资讯，在网络上，在图书馆，在书店，在美术馆，在讲座上，信息远远多于教学大纲能够给人的，所以聪明的孩子自然就会受到影响。我认为大学以及研究生的作用没有想象的那么大，人必须走出校门。我也去北大学习几年，但更多是靠自学。在理想和吃饭之间，我们要理性思考后再下决心。对于我而言，仍然坚信理想的力量，坚信人类进步的力量，坚信人格平等和有尊严的生活，这些相比吃饭问题，重要多了！

摘除面具直面自我的弱点

2013年4月11日，陆步轩回母校演讲那天，刚好我也去听了。

对于这位卖猪肉的北大才子，刚开始看到新闻报道时，我还有些惊异，等到看过他的《屠夫看世界》后，又感叹他的艰辛与不易，再到听他的演讲，反而对他暗暗有些“欣赏”。

我的“欣赏”来源于他对命运的坦然面对与担当。想想看吧，一个在北大中文系苦读了整整四年的北大才子，沦落社会底层，所学无法派上用场，已经是很痛苦的事了，再者为了生计，居然敢于摘除读书人斯文优雅的面具操刀杀猪，这需要多大的勇气和毅力呢？只此一点，就可以把他与迂腐清高的传统读书人区分开来。那种批评陆步轩的语气背后，其实还是“学而优则仕”的观念作祟。

与一些“自恋”的北大人不同，陆步轩敢于裸露自己的“弱点”。他说，现在有种现象：学校里学习好的孩子，走上社会没出息；调皮捣蛋的孩子，在社会上却混得很好。孩子学习好，听到的都是老师、家长的赞美声，走上社会脸皮薄、受不了挫折；不好好学习的孩子经常被罚站、挨骂，走上社会后，人家骂一句，笑笑就没事了，这种人反而百折不挠。他在北大讲台上说：“我只是生活在社会底层的一个小人物，一个受过高等教育而又为生活所迫，在西安街头摆摊卖肉的小贩。给北大抹了黑，给母校丢了脸。”

经过底层生活的磨砺，陆步轩早已褪去了北大的精英情结，他的话语质朴真诚，没有那些空泛的虚饰之词。我唯一不能认同的就是他的“给北大抹了黑，给母校丢了脸”这句话。我不明白的是，在一个多元宽松的时代，靠自己吃饭，有什么丢脸的呢？何况北大一直标榜“反传统”和“兼容并包”精神呢？我看原因大概就在于，北大一直标榜所谓的精英教育，不屑于做小事情，想的都是拯救国家的大事。

北大学生给我的感觉是这样的：一是思想比较独立，有才华有激情，大都有自己的一套见解，不人云亦云；二是有理想，内心比较单纯，很执着很有毅力，较少功利主义的色彩；三是某些北大学生思想不圆融，缺乏历练，任性、傲慢，却又缺乏竞争。从小在学校里面被灌输的教育是要成为国家的栋梁，要做大事，成为社会瞩目的精英，具有完美主义情结，只知天下之大而不知天下之小，害怕承受失败的结局，他们不知道什么样的生活是幸福的，一旦遭遇挫折，心理失去平衡，不知道如何安抚内心的冲突与创伤，个别极端的甚至走向消沉。这样极端张扬的性格在“五四”时期是时代的领军人物，但是在一个注重实际的和平年代，弄不好很有可能沦为庸人。也就是说，虽然思想和智力上有明显优势，但往往不屑做小事情，批判意识过浓，太重自我，藐视普通人，很难适应恶劣的生存环境，拒绝调整自己看待社会的视角。

陆步轩在接受记者采访时说：“对北大学生来说，考上北大只能证明学习好，这只是一方面，不能说明什么。还要去努力地在社会上学习。现在有一种现象，那些从小学习好被人宠着的以后却混不好，反而是那些调皮捣蛋的学生以后发展好。可能是在一片溢美之声中成长，脸皮就比较薄，受不了挫折，而社会是很复杂的。就像我这种人，受到挫折就灰心丧气。”听听吧，多么质朴的话语！我对陆步轩的尊敬，原因就在于他具有一种“敢于摘除面具，解剖自己，直面弱点”的极大勇气！他坦言自己是个小人物，已经放下了北大给他的那种桎梏，彻底回到了自己。或许他也是个愤世嫉俗的人，但是现在已经被岁月磨平了。

“陆步轩现象”说明，即便贵为北大毕业生，假若没有施展的平台，照样也会活得艰辛！我们在肯定陆步轩敢于自剖的优点时，也要同时思考一个问题：为什么我们的大学缺乏特别有创新头脑擅用逆向思维的人，而很多大学生都是“规矩”“老实”的人。北大毕业的俞敏洪感叹说，只会读书的孩子不会有太大的出息。为什么这么说呢？

有一个试验：科学家把一批白鼠分成两组，一组白鼠每天都被喂得很饱，它们吃完了就睡，睡好了再吃；另一组白鼠每天只喂半饱，因为吃不饱，这组白鼠只能到处寻觅食物，东奔西跑。半年后，科学家看到的是：每天吃得饱饱的白鼠不是得病了，就是死掉了，而那些到处寻觅食物的白鼠却很健康地活着。原因不言而喻，没有吃饱的白鼠在寻觅食物的过程中，既锻炼了身体，又增强了自己的适应能力，提高了免疫力，所以拥有了健康和活力。

现在，很多为人父母者或老师们，出于对子女的关爱，也正在把孩子和学生当作喂饱的白鼠对待。他们以为这是“完全正确”的办法，唯有这样，方才尽到他们的责任，可是，反而“害”了他们。这是一个常识：任何药都有副作用，对症、适量则有益，不对症、过量则有害。于是，我们看到，现在的很多学生，从小到大，除了会读书以外一无所能，既没有独立思考的能力也没有独立行动的能力，一旦被放到陌生的环境中就完全不知所措，变得茫然而无助。由于从小被溺爱，做饭、洗衣、打扫房间、接送上学等，都被家长给“承包”了。

我想，包括北大学生在内，或许我们更应该多解剖一下自身的不足，而不是一味张扬自己的优势。

鲁迅先生说：“北大是常为新的，改进的运动的先锋，要使中国向着好的，往上的道路走。”青年学生尤其要有创新意识，同时清理生命的“堆积物”。王育琨说得好：“人们误以为，生命的堆积物与生命力是一回事。人们的本意是要去驾驭这些堆积物，到头来却被这些堆积物所奴役。”那么，什么是“堆积物”？如财富、权力、地位、名声等，这些压垮了身体；事物之上也有太多的理性堆积物，如概念、意见、评价、理念、逻辑等，这些压扁了人的直觉。所以，要创新，可以从激发自己的生命力出发，清除掉所有教条和经验，能够把握住事物的本真，去发现问题，解决问题。

找个能打磨自己的对手

常常听到有人说“这是可怕的对手”，或说某某人是“小人”，甚至说是“可恶的人”，话语之间，透露着势不两立的意思。对立是彼此的立场不同，而敌人则是你死我活。真正有智慧的人，是没有对手的，又怎么会有敌人呢?

前不久，我遇见一个老乡，他是北大毕业的高才生，工作多年后仍然没有结婚，最近又从北京漂到上海工作，谈及感受，他叹道：“整个人都像脱了一层皮一样……”经过详谈，才知道他最近几年混得并不容易，似乎走到哪儿都有一个可怕的“对手”。我说：“有对手并不一定就是什么坏事呀？”他苦笑道：“我无法摆脱乡村情感，灵魂难以进入都市。我喜欢大家温文尔雅，且又能互相谦让。我实在害怕每天得付很多脑力去琢磨人际关系，害怕算计，更惧惮受暗箭袭击。那样活着，委实太累。”

我听后，沉默无语。按理说，不仅是我这个老乡不喜欢整天算计的生活，又有谁喜欢整天生活在复杂的人际关系中呢？多年以前，我何尝不是这样呢？但是置身这样的环境里，有谁能完全回避呢？一走出校门，我就像被扔进急速翻卷的旋流里。而就在这旋流里，我获得了生命扩张的快感。假若我整天蜗居于斗室，不肯到人流中去历事炼心，耽溺于安静，灵魂不经风雨，什么时候我的生命才能得到成长？想想这些，我对过去充满了感恩，对我的“对手”充满了感恩！

比如Z。我刚工作的时候，他才40多岁，正在参加自考，野心勃勃，匍匐在权力面前，他最崇拜的人是汉武帝。现在回顾起来，Z就是我生命中的魔鬼。一个人要想真正成长起来，必须要直面这个魔鬼。为了追求权力、金钱和名誉，Z宁愿付出人格和灵魂的代价。我所真正向往就是真、善、美，这种理想的确单薄，没有现实的土壤。Z嘲笑我的个人奋斗和理想，他宁愿把灵魂出卖给魔鬼。Z处处拿K作为例子打压我，他其实不知道我们根本不是一路人。K去南方以前，曾经对我说：“人这一辈子，不为名，就为利。”对于名利，我并非不动心。现在想想，Z和K追求权力、金钱和名誉，也自有人性的合理之处，只是不择手段而已。换个角度来看，他们也有优点，Z虽然私欲膨胀，心胸狭隘，但做事谨慎，善于隐忍，勤奋争上，K虽然机巧、油滑、势利，处处看风使舵，但善于把握机遇，利用机遇，创造机遇，也正是由于此二人的存在，我始终有一种压力，逼迫自己上进，不然的话，我在现实中会没有立锥之地。当然，我也有做人的基本底线。《圣经》上说：“人活着不是单靠食物。”以出卖自己灵魂而带来的名利，我拒绝要。

看看多年以前的日记，我对于“对手”，缺乏足够的尊敬。现在，已经改变很大。在日常生活中，许多人都把对手视为心腹大患，是异己，是眼中钉、肉中刺，恨不得马上消灭。仔细一想，便会发现拥有一个强劲的对手，反倒是一种造化。之前，和很多人一样，我也犯过这样一个致命的错误：总在诅咒所谓的“敌人”，似乎没有了“敌人”，我自己就“成功”了。其实，没有“对手”，我的生存能力会弱化。

有位动物学家对生活在非洲奥兰治河两岸的动物考察中，发现了一个十分奇怪的现象：生活在河东岸的羚羊繁殖能力比西岸的羚羊强，并且它们的奔跑能力也大不一样。东岸的羚羊奔跑速度要比西岸的羚羊快得多。对这些差别，动物学家百思不得其解。因为羚羊的生存环境和食物都相同。在这位动物学家倡议下，动物保护协会作了一个试验。在河的东西两岸各抓了10只羚羊送到对岸。结果，送到西岸的羚羊繁殖到了14只，而送到东岸的羚羊只剩下了3只，动物学家们发现，另外7只都是被狼吃掉的。答案终于被揭开，东岸的羚羊之所以强健，是因为它们的附近生活着一个狼群，它们为了生存，天天生活在一种“竞争氛围”中，反而越活越有“战斗力”。而西岸的羚羊之所以弱小，恰恰是因为它们缺少天敌，没有生存压力。

我们需要朋友，我们也需要对手。真正给我们带来成长的，不是朋友，而是“敌人”和“对手”，因为是他们让我们发现自身的缺点，千方百计提醒我们改进自己，提高自己。因为对手的存在，我们才变得更强大。回顾这么多年走的路，似乎也说明了这点，我自己取得的成长是无法离开“对手”的鞭策的，是他们警示我警策自己，不可松懈懒惰。

“对立”不见得是坏事，有时候相反的两个立场，往往能激发出思想的火花。比如做学问，因为理念不同，彼此思想激荡，反而能使真理愈辩愈明；即使是商场上，合理的同行竞争，往往能使消费者享受更多的利益；同事和朋友之间，因为性格、人生经历、家庭环境、知识背景、习惯爱好不同，多有利益冲突，观念纠结，反而能使我们求同存异，取长补短，学会合作，也不是坏事；但是，如果因为对立而产生仇恨，企图靠暗箭伤人去谋取利益，那就不是一个好的状况了。要知道：在现代和平社会中，在与同事竞争的同时，要宽宏大量，不能把同事看成绝对的竞争对手，要在竞争中讲合作，以赢得共同的发展。

说到底，我们最大的竞争对手不是别人，而恰恰是自己。

不努力永远不会有人对你公平

人们常常会以自我为中心的眼光来看待周围事物，把自己失败的原因推脱于外界因素，归因于社会的不公平，很少追究自身的原因，这在成长的过程中是很可怕的。狭隘的视野，浅薄的见识，思想的局限，都会阻止我们取得成功。

前不久，遇见一位北大中文系毕业的文学硕士，他在一家出版社做编辑。我在北大听课时，曾经和他讨论过文学。他向我抱怨待遇低，工作不合心意，并一再说想出国读博士，但他的美国学长说，读博士需要六年，再说美国大学的博士学位申请很严格，还不一定能拿上学位，并劝他冷静思考一下。他对我说："这个世界真不公平，如果早知道在北大读完研究生后，还是这个结果，甚至不如一般大学毕业的待遇多，我就不读研了……"

听了他的倾诉，我陷入了沉思。我觉得，类似他这样想法的北大人，一定还有不少吧？甚至，若干年前的我，也有类似的想法。可是等我深思以后，我又觉得，指望在毕业两三年内成为能拿高薪，又有房有车的人，也是不切实际的。北大毕业的学生，或其他名校刚毕业的大学生，他们总认为自己很优秀，自视过高，一旦现实与自己的期望不合，便立即产生不平情绪，并会产生消极情绪。

一项毕业生调查报告显示，每年走上工作岗位的大中专毕业生中，有一半多会出现“社会不适症”。甚至，有些青年学生习惯于网络上骂人，批判社会，呼唤公平。就这样，每天愤世嫉俗，不停地抱怨，看不惯一切。一个聪明而又理智的人，在对待自己不喜欢的事情时，应该学会尊重他人，并以宽容、公平、冷静的心态与他人友好相处，这样才能赢得大家的喜爱。尼采曾经这样说过：“人不过是一把泥土。”假若你不把自己定位得太高，有什么不可弯腰低头的呢?

人生在世，不可能万事如意，生活中需要学会换个角度。人生的乐趣存在于奋斗的创造中，存在于不断克服困难前进的过程中，让我们不断超越自我，挑战自我。社会环境，社会形势的更替、兴盛、衰败，虽然对人有直接的影响，但是，只要好好利用这些特点，用积极的人生态度去成就事业，做命运的主人，努力提高自己抵御挫折、克服苦难的能力，就能开辟出一片新天地。

人们渴望“公平”二字，不过是幻造的一座“天堂”。只可遥望，不可当真。

人人都希望公平，但是这个世界上从来就没有过绝对的公平。人一生来看到的就是不公。人有高矮俊丑，物有多寡优劣，命有寿夭穷通，哪有公平可言？世上有很多事是无法按理想实现的，唯有认真地活在当下，才是最真实的人生态度。

其实，公平只是相对而言。即便当今“官二代”“富二代”中确实有好逸恶劳的人，那也是他们父辈流汗打下的基础，假若不学习本领，以后仅仅靠继承财富生活，终将被淘汰下来。与其苛求社会公平，不如积极适应环境，创造条件，改变或部分改变命运。而从对待环境的态度而言，大致分为三种类型：

一是积极适应。这是最佳的适应状态。就是说，不管环境如何，都能正确对待自己所处的环境，权衡利弊，因势利导，以利于自己的生存和发展。

二是消极适应。环境良好不加珍惜，环境不好则听天由命，一切都无所谓，也不会因此产生心理上的压力。

三是难以适应。环境有利时沾沾自喜，得意忘形，环境不利时情绪恶劣，怨天尤人。

在这个世界上，很多人在遭受着生活的严峻考验，也许他们承受着很大的不幸，但是正是因为他们善于接纳现实，不向命运屈服，才使自己的天空变得更加精彩。

《圣经》上说："上帝在为每个人关上一扇窗的同时，也会为他打开另一扇门。"对待生活，立足当下，反求诸己，我们应该有一份感恩的、容易满足的心。关键在于，愚者把不公当成一种惩罚，总在抱怨中过日子；智者把不公看成一种考验，总在应对中去奋斗。不管是顺境还是逆境，学会接纳，善于接纳，我们才能够变得更加坚强，更加淡定，更加知足。

第四章

必须要突破受限的思想

跨越人性荆棘的栅栏

2012年3月，我曾在网上看过一篇文章，名为《一个北大毕业生的对社会的恐惧》。

文章中，北大学生叙述了天津买房上当的事，引发了网友的讨论。2011年年初，她工作所在的那家国企组织在天津团购房子，她也订了一套，首付20多万元。开发商从2011年1月收了首付，一直没有安排签合同。她更加着急。从2011年6月回国一直给开发商打电话，每次得到的答复是在与银行沟通贷款事宜。长话短说，每家20多万元，几十户，钱在开发商手里已经一年多了。她非常担心自己交的这20万元被开发商卷走。接下来的一件事，让她心情极度沮丧。

正当她被天津房子的事弄得焦头烂额的时候，又被电话诈骗20万元。2012年3月8日，有个自称延庆公安局的女孩给她打电话，称她涉嫌一起非法洗钱案。查到用她的建行卡进行洗钱，说目前已经起诉她，问她是否收到法院传票。对方还报出了她的身份证号和住址。她想，怎么又跟法院扯上了瓜葛？天津法官偏袒开发商的形象又跳入她的脑中，让她恐惧万分，心想一定要把事情说清楚，不要再跟法院扯上什么关系。于是她很顺从地就“配合”“检察官”们的调查，在3个小时内完全被他们洗脑了。最后“交代”了自己的资产状况，并按照他们的要求，到工商银行开设了手机银行，用的是骗子所谓的“国家资产清查号”开的手机银行。整个被洗脑的过程她不愿意详细描述，因为那是梦魇。

看完这则新闻，我陷入深思，这只是一个极端的个例，到底是什么原因导致了她两次受骗呢？

她说：“作为一个北大人，我一直认为我是社会的精英之一，我对我的国家负有责任……”作为“北大精英”，除了有济世的情怀以外，何以连电话诈骗也无法识破呢？

不过，转念再往深处一想，问题就没有那么简单了。这不单单是单纯、智商、情商的问题，抱怨是没有用的，只有面对如此复杂的社会变换与调整自己不断适应与掌控的能力。更重要的一点，我觉得除了对于社会认识简单以外，这位北大学生对于人性的理解太简单了。

或许，我们的家庭和大学教育真的很有问题。而涉世未深的人，因为对于人性的假相无法看穿，内心深处愿意相信那些美好的东西，所以遇到一个伪君子、圆滑的人和骗子，就惨了。事实上，我总觉得，其实那些“坏人”的抵抗力比好人更强，因为见得多了。其实说白了就是在讲一个道理：没有经历过人世间的历练并真正洞察社会真相的人没有资格说理想。一个人的包容度不是看看书本或是听听教诲就能变大的，而是在丰富的经历中积累和感悟的。

我觉得，应该学会多认识些不同层次的人，一方面拓展自己的视野，看看不同世界的人都是什么样，很多高学历的人都看不起低学历的人，坐办公室的人看不起在社会上跑的人，要知道那些读书不多，但在社会上混得不错的人，人际交往广，社交经验多，而很多男人缺的就是社交经验，一旦自己喜欢的女人出现了，不知道怎么办了。

其实，对于人性，我们还是要以最大的善意和别人交往，只是我们不能再简化对人性的认识了。贪心不足蛇吞象，真正修炼到没有欲望境界的人百不存一，凤毛麟角。李叔同是一个，梭罗是一个，尼采是一个，鲁迅是一个。他们摆脱了诱惑，遗世独立，一个人去面对自己的生存和死亡。我以为，世上真的有另一个纯真的自己，只是你从未发现就在你身边。《六祖坛经》里说：“圣人求心不求佛，愚人求佛不求心。”有一首诗偈说得好：“佛在灵山莫远求，灵山就在汝心头；人人有个灵山塔，好向灵山塔下修。”心外无佛，自己纯真的本性就是佛。

别人没义务按你的意愿迁就你

社会是个大熔炉，形形色色的人，聚合在一起。有一句话不是说嘛，有人的地方就有江湖。特别是当下，社会多元，人的追求也多元，生存又十分艰辛，自然周围语言无味的人物也多，就连鲁迅也说“人生现在实在苦痛”，对于不悦的人，没必要太在意。

有两个读者向我倾诉内心的苦闷，一个说：“我觉得自己在这里没有一个朋友，周围人不理解我，感觉很孤独，很压抑，很无助，很无奈，我该怎么办？”另一个说：“我也曾在脑子里面装满了许多现在、未来的东西，也感觉周围的同学与我的思想格格不入。”

无论是工作还是生活，我们都需要朋友，都很难靠自己成功，因此封闭自我是有问题的，比较容易偏激。与人沟通的能力，情商比智商更重要，也比专业知识更重要。《圣经》上说：“你怎么对待别人，别人就怎么对待你。”人与人之间的相处都是互相帮衬的。

处处强调让人迁就，其实就是佛法所说的“我执”。“我的见解”“我的车子”“我要挣高工资”……现代人的每个选择都离不开“我”字，它们都因为“我”的存在而存在，这其实是一切苦恼的根源。当人人都强调“我”的存在而不愿意考虑对方感受时，对“自我”的过度关注就被放大了，麻烦也就来了。

突破“自我”，当你打开紧闭的自我，世界就在你心中了。甘地反复说：“我们的身体是为神和众生服务的，众生包括人和其他的生命。”或许，我们没有如此高的人生境界，但适当节制自我的想法，克制欲望，不纵情声色，追求纯洁的生活，是可以做到的。

从成长的角度来看，与其躲在父母的庇护之下，不如早点学会承担；与其奢望别人迁就自己，不如学会理解人性。离开父母后，你会接触很多人，比如同事、同学和一些朋友，刚开始呢，你很容易会把他们都当作亲人，掏心掏肺地说出自己的所有想法。可是渐渐地，你就会发现，有人会耐心地听你倾诉，有人听了你的倾诉不耐烦，有人听了你的倾诉嘲笑你的幼稚，还有人利用你的倾诉出卖你甚至背后捅刀子，上司因此给你穿小鞋批评你，同事冷落你，亲人埋怨你，为此你很愤怒很委屈，这时，你也许会感叹世态炎凉，但只要你冷静想一想，你便就不生气了：人性本如此。

也许你是一个有才华的青年，也许你是有良知的知识分子，你都要懂得顺势而为。个人的才华再好，也不如一个心理素质强的人，在什么环境当中，他都能调节和克制自我的心态，坦然从容地去面对并积极地寻求解决问题的方法途径。一个人不能对自己没有要求，但是不能太苛刻，一切顺其自然，父母把你培养成人，不是为了让你多么有出息，只要你健康生活，自食其力，做一个对社会有用的人就可以了。即便你有改革社会的理想，你也要先生存下来。

两年前，在北大33号宿舍楼，一男生从5楼宿舍的阳台坠至水泥地面，因抢救无效，于次日凌晨身亡。我听闻消息，很是沉痛。出现这种问题的原因有内外两个方面，外部的如社会环境和教育制度、家庭条件差异，内部的如自我、心理承受能力差、缺乏家庭责任感和社会责任感。净慧长老有一次在北大演讲时说，超越自我，突破自私的观念，突破个人的爱恶之心，突破个人的利害关系，内心就会和谐，生存环境就会美好。

首先要明确，自我中心主义是集体生活的大忌，必须坚决摒弃。有不少大学新生都是独生子女，在家里，人人都视你为掌上明珠，事事都以你为中心。但你要想到，你是你家里的宝，宿舍同学又何尝不是，所以你不能要求别人事事迁就你，要学会尊重、宽容、忍让、关心他人，这是你成长必经的一课。

只会读书，人情世故、世间常理一概不通，是不行的。作为一个青年学生，没有研究好人类的发展历程。人，个人，一定要脚踏实地根据自己的生存需求与外部环境，安排自己的生活轨迹。要有勇气面对社会。要知进退！要吃苦！要有准备！而不是一死了之。

目前社会由市场经济向法治市场经济转变，必然经过一个阶段，其中确实存在着不良现象，不止一个国家是这样。改良土壤，让美好的事物生根、发芽、开花、结果，而翻耕、培土、除草、施肥……这是个漫长的过程，我们要做好心理的调整。社会剧变，加速转型，问题纠结，让人生气的事太多，“忧愤”“焦虑”几成日常表情，戾气爆发，但仅有愤怒和批判是不够的，假若保持单一面孔，心灵便会窒息。

正视这个社会中的差距，化解个性与适应现实的矛盾，要用尊重、包容、勇气在异中求同，要随时观察，随时修正自己，适应现实的种种规律、规则和处事之道。无论是来自乡村还是城市，我们都需要朋友。当我们能超越“自我”一元化的观点，用更宽广的视野去看人时，就会发现一个自由广阔的人间。

不会变通的人注定碰壁

追求完美的人，通常苛求，因为他的要求太苛刻了，会让别人觉得很为难。事实上，这种人也在为难自己，他会比其他人觉得更累。由于不能变通，常常爱走极端。

心理学家研究发现，完美主义者潜意识里其实是心理不自信，自卑。自卑了才用过分的完美来弥补和掩盖，好让自己显得没有毛病，心里舒服一点儿。

几年前，因为感觉生活压力过大，北大研究生柳剑锋大半夜哭着出走了。曾经，他以骄人的成绩考上北大研究生，在就读的两年中，成绩也非常好。可是跟一些本科同学相比，他却少了份事业，心仪的女孩儿频频谢绝他的好意，更让他心里雪上加霜，于是自尊心强的他心里不平衡。“他应该是别人的榜样，他是大学生中的佼佼者。”他的老师说。

其实，就柳剑锋而言，他自然有自己的优势，他有北大背景，毕业以后挣钱应该没问题，至于感情问题，要靠缘分，是不能执着的。关键问题在于，作为北大人，他不允许自己有哪怕一点失败，总是努力地想去扮演一个完美主义者的形象，然而要求太苛刻了，只会加重他情绪的负面影响，给自己的心理造成不必要的障碍。

柳剑锋学习的北大，是一个优秀人才聚集的地方，本来追求成功无可厚非，但问题在于，什么是优秀？异性不选择自己是否就意味着不优秀？比别人挣钱少就不是成功？我们对成功的界定太狭隘了。其实有益的攀比是好的，无度的攀比背后往往缺少一颗平常的心。盲目地与别人攀比不懂得变通，产生急功近利的思想，就有可能导致我们产生自卑感，让生活失去明媚的阳光。攀比行为会使人的思想发生变化，人们往往为了面子，贪图虚荣，追求虚幻的东西。切记，平静、自然、真实、健康、积极向上的生活，才是真正的生活。

生命哪儿有什么完美的？生命岂可儿戏？惋惜之余不免感叹：社会竞争加大，学生的心理压力有多大，可不能随便就有轻生的念头，只因一点不完美就自杀，是否对自己的生命不负责任？有时，为了实现目标，暂时要绕道多走些弯路，多兜几个圈子，也不是过错，有时正是智慧的表现。

在一生之中，每个人都会遇到很多充满诱惑的“瓶子”，这些“瓶子”里盛的可能是烦恼、哀伤、痛苦、失意。很多时候人们就像章鱼一样，看见这些瓶子就使劲往里钻，结果把自己送进了死胡同。

理想很丰满，现实很骨感。没有良好的心智，能否赢得人生的竞争？做人就是要学会变通，随机应变，不可太死板，要具体问题具体分析。前面已经是悬崖了，难道你还要跳下去吗？执着很重要，但盲目的执着是不可取的。不要被经验束缚了头脑，要冲出习惯性思维的樊笼。

激烈的角逐和竞争，使现代社会变化异常迅速。生活在这样一个剧变的社会，需要具有最灵活、最敏捷的应变能力，审时度势、纵观全局，于千头万绪之中找出关键所在，权衡利弊，及时作出可行、有效的决断。

要学会灵活，主要表现在为人处世的适应与变通上。切记，人要尽量做三个“不苛求”：

一是不苛求环境。环境有好有坏，但大致都差不多。所以，要能协调自己与环境的关系，能优化自己的心境与情绪，能调动自己内在的积极性，能为进一步发展准备条件。要积极、主动地适应环境，而不是消极、被动地顺应环境。

二是不苛求他人。就是要承认人人都有自己的性格、爱好、喜好，求同存异，宽容别人的弱点，在人际交往中保持性格的灵活性。

三是不苛求自己。就是要承认人生没有完美的，自己也不是完美的，苛求绝对完美的心态与做法，不仅违背自然，也往往使我们离完美更远。人总是努力地想去扮演一个完美主义者的形象，然而要求太苛刻了，只会加重我们情绪的负面影响，给自己的心理造成障碍。放下执着，就会变得非常自由，没有任何事情可以激怒你或伤害你。

总之，要对自己作出恰如其分的、客观的估价，既不狂妄又不妄自菲薄。对自己拥有的特长与优势，加以适当地表现发挥；对自己存在的不足与缺陷，要勇于承认，并努力弥补。要克服完美性格带来的消极影响，一定要防止过高或过低地错估自己，对待自己不要太苛刻，从小事做起，一步步地向目标前进，只有这样才能走得平稳，才能让自己的优势得到充分发挥，这样，人的心里也会得到满足，知足者才能常乐。

有智慧的人要懂得看准变化，抓住时机，相时而动。凡事当学会变通。不懂变通，就会走上绝路。生活原本没有痛苦，没有烦恼，没有忧愁，可是当背负的包袱——事业、地位、权力、财富、友谊、爱情、责任……越来越沉重时，快乐也就渐渐地消失了。

学点“光而不耀”的处世哲学

“光而不耀”出自《老子》第五十八章，原文说：“人之迷，其日固久。是以圣人方而不割，廉而不刿，直而不肆，光而不耀。”老子从阳光的强弱对于人的感受中领悟出“道法自然”原则的人生智慧，道出了一个深刻的哲理，真正长久的都是自然无为的。

我在一家图书公司上班时，曾有一位同事是北大硕士。初出茅庐的他，刚进公司时，一身傲气，谁都不放在眼里，还经常对别人的工作指手画脚。一次，公司主编找他说：“小李，你昨天做的书我都看过了。你仔细看看，标点符号用错了多少呀？你是刚来的，还是北大毕业的呢，这让老板知道该多么不好呀？赶紧改改吧。”谁知，他听后便发脾气，就和主编吵了起来。最后，他辞职而去。

作为职场新人，他至少不明白两点：第一，他还不了解这个社会；第二，他还不了解自己。假若仅仅凭借有张北大文凭就可以傲气逼人，在没有实践中证明自己能力的情况下，当然就会让人排斥。

很多具有精英情结的青年知识分子，不懂中国传统的哲学，拙于谋生，急于用世，这样的人在网络上很多，以“高大上”的面目示人，为人张扬，姿态凌厉，高蹈狂傲，大都不收敛自己的锋芒，一旦以这种姿态在现实中生活，必将碰壁无法与人合作。

我曾读过这样的报道。

曾有一位人事部经理感叹说：“每次招聘员工，总会碰到这样的情形：大学生与大专生、中专生相比，我们也认为大学生的素质一般比后者高。可是，有的大学生自诩为天之骄子，到了公司就想唱主角，强调待遇。别说挑大梁，真正找件具体工作让他独立完成，却往往拖泥带水，漏洞百出。本事不大，心却不小，还瞧不起别人。大事做不来，安排他做小事，他又觉得委屈，埋怨你埋没了他这个人才，不肯放下架子干。我们招人来是工作、做事的，不成事，光要那大学生的牌子干吗？所以有时候，大学生、大专生、中专生相比之下，大专生、中专生反而更实际，更有用。”

“光而不耀”提醒我们，一定要“低调做人”，千万不要在有“有名”“有才”“有权”“有钱”之时，得意忘形。殊不知福中有祸，祸中有福，随时可变，转眼即非，因为人们不知根本，只是在相对里轮回不止。所以，要力戒“耀”的心念，以谦卑的“戒盈”心态，和光同尘，老实做人，如此方能自我保全。三国名士祢衡年少轻狂、孤高自傲，杨修自作聪明，都没有好下场，这些都是例子。越王勾践为了报仇，在吴国的几年中，吃尽了苦头，但要对任何人笑脸逢迎，而且粗茶淡饭，有时候被勒令给夫差服役，夫差出巡时，勾践就当那个鸣锣开道的前导。这不仅是“光而不耀”，而是残酷的意志考验。身处顺境不张狂，身处逆境不颓唐，才能安然度过人生的各种境遇。

“光而不耀”的道理，就连以反抗精神著称的鲁迅先生，也深谙此人生哲理。他曾说：“人一发狂，自己或者没有什么——

俄国的梭罗古勃以为倒是幸福——但从别人看来，却似乎一切都已完结。所以我倘能力所及，绝不肯使自己发狂，实未发狂而有人硬说我有神经病，那自然无法可想。性急就容易发脾气，最好要酌减‘急’的角度，否则，要防自己吃亏，因为现在的中国，总是阴柔人物得胜。” 这里所说的“阴柔人物”是中性词，就是指那些深谙“光而不耀”处世哲学的人。

有很多大学生刚踏入社会，由于年轻气盛，喜欢崭露锋芒，说话也尖酸刻薄，结果处处碰壁，与“锋芒毕露”相对，我提倡“光而不耀”的处世哲学。哪怕你真正具有才华和见识，也要注意适当地保持沉默，先工作一阵子再说，不要不分场合地大发议论，无节制地说三道四，浅薄和浮躁只能会损害你的形象。

由此可见，当你大学刚毕业走向社会，或当你处于逆境时，要学会忍耐，凡事先退让一步，学会自我保护；即便当你处于顺境时，也要学会内敛锋芒，低调做人，以免树敌太多，陷于危险境地。平时务必要摆正自己的位置，知道人生潮起潮落的规律，始终拥有平和的心态，不丢失自己的本色。

尝试接纳与自己不同的人

在社会生存环境里，学会接纳与自己不一样的人，让自己更冷静、更理智、更睿智，你就能在社会上更好地立足。

做任何事情，拥有丰富的人脉关系成功的可能性就会大。现实中不乏这样的人，有相貌，有志向，有才华，有学历，又有工作能力。然而，他们却始终郁郁不得志，甚至是别人眼中的“失败者”和负面教材。于是耀眼的文凭，丰富的工作能力可能成了累赘！真的是缺乏机遇和施展的平台吗？当然不是，千里马还需要伯乐呢。

社会是个大舞台，形形色色的人在里面演出。谁是好，谁是不好，难以评说。每一个人都有自己的优点，都有自己的短处。

北大人拥有智力、思想优势，但在实践上未必就比一个三流大学毕业的学生强到哪去。现实中就有这样的北大人，他无法接受“平庸人”的支配，更不愿意与之合作。在北大人眼里，人生来平等。北大的人不少是完美主义者，他们看见陈规陋习会直接指出来，这下糟糕了，因为当上司、老板发现你在某些方面比他还高明的时候，他会不平衡，没有安全感，产生自卑感。即使最终他终于采用了你的建议，你也与他离心离德了。外界有很多人评论北大人狂，可能就是这么个原因吧？长期以来，在我们所受到的教育里，师长一直告诉我们要善良、诚实和对人真诚。在企业竞争已经到人性化程度的西方世界可能还是真理，但是在中国则不一样。

北大学长俞敏洪语重心长地告诫道，要告别“北大姿态”。早年创业伊始的俞敏洪，面对社会，是一个腼腆的北大书生，并不了解社会上的那些事儿。回首他的精神成长史，可以发现，俞敏洪走出校园能和各种人打交道。最初，俞敏洪是靠“一把刷子”起家来做英语培训的，到1993年年底的时候，他已经招聘了一些员工，学校的规模也壮大了。结果就和社会上几家培训机构的人起了暴力冲突，对方拿出刀子就把给他贴广告的人捅了三刀。

俞敏洪在中关村一个叫作香港美食城的高档饭店，准备好了一桌酒菜。其中，警察就来了七个人。有个警察开头说：“俞老师，你要我们帮忙，我们是不能这么喝酒的，你一人干一杯还是必须要的。”俞敏洪就和每个人敬一杯，一圈下来以后，差不多半斤酒就喝下去了；再吃一轮菜又敬一圈，不就是一斤的量了嘛；再吃一轮菜，半个小时不到又来一圈，三圈下去一斤半白酒喝进去了。很快他就有点招架不住了，紧接着失去知觉，吃着吃着就滑到桌子底下去了。最后，就被送到了医院。办培训班的事却得到了解决。

像俞敏洪一样，走出学校大门，进入社会以后，接触的不仅仅是大学生、老师和“知识分子”，三教九流的人都有可能遇到，假若再不摘除“知识分子”的面具和人相处，怎能融入社会呢?

在S城刚工作那几年，受中国传统主流人性观“人性善”的影响，我不大容易接受品行不好的人，有点孤芳自赏的感觉。其实，人生来就趋乐避苦、趋利避害，或者自保、自利、自爱，这是自然而然的。

比如，我对“小人”就不正眼看。尤其是那种人品差、气量小、不择手段、损人利己的人，不能接受。生活中，谁都不愿意与“小人”打交道。但是，从反面来看，“小人”又是人生的一面镜子，会提醒我们少摔跟头，多长见识。有了这面镜子，我们不但能够进一步看清社会、人生、人心、人品以及人与人的种种关系，而且能反观自己，使我们更具自知之明。虽然“小人”给我们制造了逆境、厄运和不幸。但有了这块磨刀石，会磨炼我们的意志，使我们的人生所向披靡。

从很小的时候，我接受的教育与这个世界完全是南辕北辙，父母从小教育我做人的原则是高尚无私，正气坦白。再者，与我的性格有关，太认真、追求完美、委曲求全，因为对这个世界绝对悲观却又太天真，认为像我这样与世无争，别人就会好。

回顾过去，我曾经一度憎恶S城那里的环境。但现在看来，虽然曾给我精神上带来痛苦，却也是激发我转往探讨人性和社会的最大推动力。我从七年前开始接触中国哲学，并在几年前开始，决心自寻出路，专门从事许多哲学、宗教大师的著作研读与写作，展开生命中更为精彩的探索历程。我研究佛学，著书立说，活得广阔、激情、滋润。直到目前，我已经觉悟到，每一个个体，如果不解决自己的问题，这个世界是不会有改善的。其实，小我的转化才是真正的希望。如果“我执”还是内在充满着冲突矛盾，还是充满着各种仇恨、愤怒、孤独无依的感觉，如果内心有这么多的暴力活动，社会是不可能有改变的，所以真正的改变是从转换“我执”开始。克里希那穆提说过，或许你可以批判世界，但是，你必须要回到你自己。

禅宗六祖慧能大师说：“自性若悟，众生是佛；自性若迷，佛是众生。”

人不成熟的一个特征，就是不愿改变自己，特别是论人是非，经常消极、抱怨。所以在生活中，要养成什么样的心态呢？要养成不批评、不抱怨、不指责；多鼓励、多表扬、多赞美。你就会成为一个受社会大众欢迎的人。

人无完人，人人都有优点和劣势。过分放大自己的优点，过分挑剔别人的劣势，都不可取。正确地欣赏别人的优点就会变得优秀，使自卑变得自强，使消沉变得谦逊和进取。过分“欣赏自己”就是“自恋”，适当“欣赏自己”则会有利于个性的张扬和主观能动性的发挥。

我们正处在一个变革的时代，假若要适应这个时代，就要学会欣赏别人。工作这么多年，我越发感悟到：在社会上就算你是超人，一个人的力量终归是有限的，唯有加入圈子，抱团取暖。一个人走得很快，但是一群人能走得更远。财富只是浮云，朋友才是你立命江湖的筹码。个体即便再优秀，也无法抛开一个群体，这是中国文化的宿命。既然是宿命，就不是一般人所能改变的。

现实社会中矛盾无处不在，在学校、单位、团体、人群乃至家庭中比比皆是，只不过有深有浅而已。假若想要找一个“理想国”，那是很不现实的。换位思维，尝试改变心态，要学会包容、宽容，它会让你的胸襟广阔，气质不凡。假若常常抱怨上司、老板对你苛刻，常常认为你朋友对你不好，但你从来不会问自己这样一个问题：“如果换过来，我是对方，我会怎么做？”经常这样想时，很多愤怒便会慢慢平息下来，能够了解对方的需求和特点，拿出更理智的态度去对待他。 善解人意有助交到更多的好朋友，能够在合作中让人对你印象不断加分。

每一个人总是在自己的感受里面生活，执着于自己“心”的感受，其实这些感受就是让我们尝受到痛苦的主要原因，因为当我们用“我自己的感受”来分别和判断一切事物时，就会产生“对”与“错”、“爱”与“恨”、“是”与“非”、“好人”与“坏人”的分别，而产生种种烦恼。我们应该倒空自己，与别人相处。

关于人性，要不惮于以最大的恶来揣测它；同时又要学会用最大的善来理解它。鲁迅先生就曾说过：“中国是古国，历史长了，花样也多，情形复杂，做人也特别难，我觉得别的国度里，处事法总还要简单，所以每个人可以有工夫做些事，在中国，则单是为生活，就要花去生命的几乎全部。”“直到事实给了我教训，我才分明省悟了做今人和做古人一样难。”谋生之道很难，形形色色的人很多，不能奢望身边都是“好人”，学会接纳与自己不同的人，才是正道。

追逐自由是要支付代价的

一个朋友说，最近他很是苦恼，他自己对读书十分渴望，然而父母坚决不同意他读研，尤其是母亲，连断绝关系的话都说了出来。

他说，他害怕按部就班地生活，因为那样一来，人就要履行程序，读书、工作、结婚生子、养家……处处烦琐。

他说："我知道他们是为了我好，但是我却难以抑制地恶语逃避他们。他们过于在意眼前利益的做法让我再也无法忍受，让我更渴望离开，去强大自我，重塑自我。我太渴望自己强大的自由，内心的宁静与祥和。"

面对他这样的处境，我一时不知道如何回答。我不能按照我的情况来说服他。但是，多年以来的经历告诉我，直面命运苦苦挣扎未必就有好的结果，但是因循守旧情况更糟。

前不久，我在北大看了许鞍华导演的《黄金时代》。

萧红的人生经历再次打动了我。在追求自由与独立的路上，萧红总是重复着被弃和寻找，寻找和重新被弃的命运。其实，不管是女性的解放，还是男人的自由，不论是从前，还是现在，其前提就是自我独立。如果没有自食其力的本领和自我健全的责任担当，萧红就是另一个娜拉。萧红是一个范例，爱自由、有理想、有才华、向往爱情、处世笨拙又天真。这些质素，是一个作家必须具备的，它使萧红永葆鲜活。然而，脱离了经济独立，仅仅秉持着这些，无疑注定是一个悲剧。所以，终其一生，萧红没有寻求一个安稳的书房，一个温暖的爱人，她的内心是荒凉的。

钱理群先生曾说，青年人要具有“承担，独立，自由，创造”的精神。这样的口号不可谓不动人，不可谓不好，然而，它忽视了一个前提：必须经济独立，要化为日常生活伦理，落实到具体而微的生活实践中。

据我观察，某些北大学生酷爱想“大问题”，不屑做“小事情”，好高骛远，眼高手低，这恰恰是北大人的一个弱点，或者说是一个误区，甚至成了北大人的一个历史包袱。一些人喜欢批判说，当代中国没有知识分子。批判的角度，通常便是从独立品质的评价。这点是有道理的。中国的知识分子缺乏的不是怀疑精神和批判精神，恰恰就是独立品质。假若没有一个平台，知识分子很可能就没有用武之地。

成长是必须经过历练的，追逐自由是要支付代价的。如今，越来越多的人开始追求独立的生活，这是社会的进步，也是人真正的解放。这里的独立，有三层意义：

经济独立

经济基础决定上层建筑。对任何一个人来讲，只有经济独立才能获得真正的独立，才能追求更高的生活质量。人要自立，不能有“靠”的念头，因为“靠山山倒，靠人人跑”，只有靠自己最好。一个人只有经济上独立了，才会在生活中获得安宁。

一定要有自己的事业，这样才能在精神上真正和他人平等。这个事业不一定是轰轰烈烈的大事业，通俗地讲，应该有一份稳定的工作，作为自己生存的保障。人可以不需要赚很多钱，但是一定不能失去赚钱的能力，不能选择寄生虫般的生活。

精神独立

对于追逐自由的人来说，精神独立更为重要。精神独立是对自己的确认。当人的精神世界被别人支配时，这个人就十分悲哀。

现在的人各有自己的事，也各有各的烦恼，谁也没工夫来关注你的烦恼。各人都有精神寄托，但不能“一棵树上吊死”。其次，我们要多找些让人精神独立的人和事作为寄托。“独立”“自主”“个体化”，并不是指个人能离群索居、独自生活，并不排除与他人的互动与来往，交友不仅是一种情感的交往、交流，还是自己的视野、见地、经验、心胸的重要扩充。

心理独立

人需要塑造自己的心理独立。这里所说的“心理独立”，是指一种完全不受任何强制性关系的束缚，完全没有他人控制的行为。这就意味着，如果不存在强制性的关系，你就不必强迫自己去做不愿意做的事。

人一旦失去了自我，没有了自信，就把自己的一生全托付给外在亲情、偶像，于是，便丧失独立性。

上面三种独立，不容易一下子全部实现，可以兼顾着慢慢展开，不要因生存而放弃自由，因为生活中，我们不得不为了生存去奔波，去做自己并不喜欢做的事情。也因此我们渐渐离开了自己的需求、自己的感觉，逐渐疏离了自己的内心。总是活在别人的愿望里，总是在以别人的意志为意志，可能你起初还保持清醒的头脑，有自己思想的独立，但后来就麻木了，越来越世故，越来越随波逐流，活得不像本来的自己。这也是很悲哀的。选择自己想做的事情，因为喜欢去做，就会在过程中迸发出无穷的活力，再大的困难也能够克服，不会轻言放弃，会勇往直前，无论什么时候，你对自己充满了自信，觉得你的人生是有价值的人生。

以低姿态看待世间的一切

人的潜意识中，往往都有追求极致、巅峰和圆满的冲动，都有理想主义和完美主义的倾向。人们常常无法知道自己身上的缺点，与其说是不知道，倒不如说是不想知道，会更加确切一些。人们害怕面对一个不健全的、不完美的自己，所以宁愿打碎自己的镜子，或者干脆用别人的镜子来映照出自己的形象。

想想以前的自己，何尝不是这样？那是刚工作的前三年，自命“公共知识分子”，对于一些现象都看不惯，有一种改造社会的冲动，过于理想化，把自我的姿态摆得过高，到头来没有改变社会，倒被社会刺得流血。最近几年，我重新定位自我，不再按“知识精英”的姿态生活，收敛起知识人的锋芒，放下架子，果然顺心多了。其实，我没有什么文化自恋，是一个混迹江湖多年却依然处于“三界”（文学界、学术界、文化界）之外的人。形成这个局面，一方面是时运使然，细细思量，也部分地包含着自己的选择。作为一个也有虚荣心、也有名利之需的庸常之辈，选择三界之外未必明智。少一点应酬，少一点心机之累，少一点欲望，低调地生活，低调地写作，低调地出书，对人对己，都是好事。

如果凡事都追求最好，而又缺乏相应能力，会让人的生命失去弹性。事实上呢，世界上哪儿有什么完美的事呢？事情不成，说明因缘不到，最好先暂时放下，可以充实自己，再同时去找新的工作。有时候不妨把自己放空一下，就像容器要有空间，才可以装得更多。如果老是吊死在一棵树上，这样的人便是自己困扰自己。

一年以前，我在北大的BBS上看到一则故事：一名湖北学生，1998年从孝感高中以优异的成绩考入北大数学系。大学期间同时还辅修了北大经济研究中心的经济学本科课程，拿到了数学和经济学两个学士学位。大三的时候先后通过了GRE和TOEFL考试，大四的时候还获得了数学系本硕连读的资格。不过，因为他想去美国继续深造，而且对此极有信心，为了避免交违约金给父母增加经济负担，他放弃了北大本硕连读的资格，一门心思申请去美国大学继续读书。于是，在后来的日子里，他就忙于申请美国的大学。最后，他拿到了美国威斯康星大学的offer，并且是全额奖学金。他离美国留学梦也就只差签证这最后一步了。然而，命运似乎跟他开了个玩笑，2002年5月，他的签证没有通过。大概是8月再去，依然没过。那一年，还有他的同班同学没有通过签证。

他的舅舅问他，问题出在哪儿？他说，他也不知道，签证官也不给任何解释。2003年4月的一天下午，他突然打了一个电话说：“舅舅，我犯大错了。”原来，他那天看电子邮件：才发现威斯康星大学几天前给他发过一个电子邮件，要求他在4月×日前必须回复，是否还继续同意去他们学校，否则，就被认为自动放弃了。他因为下棋忘了及时看电子邮件，已经过期了。

按照一般人的思路，既然出国不成，那当然唯一的选择就是去工作了。

然而，问题从此开始暴露出来了。

他说：“他从来没有想到过要在国内工作。”

……

长话短说，至今，这位北大数学毕业的学生仍然住在湖北老家的农村，不愿意工作。据说，地方某中学愿意聘他去做数学老师，月薪可以给他三四千，被他拒绝了。

引用上面这个故事，我绝对无意批判这位北大的数学高才生。出现这个问题的原因，是复杂的，有他自身的，也有家庭教育、学校教育、社会环境、知识结构等原因。我想说的是，这位北大高才生身上的“精英情结”绝非他个人独有，而是很普遍的，他们以为自己如此优秀，看不起周围人，拒绝接受外面的思想，觉得没人能理解自己。我接触过一些“知识人”，很多人习惯把自己置于高人一等的位置，似乎自己的谱摆得越高，就越有强势感和主动权。这其实是一种幻觉而已。水把自己放在最低的陆地，才能成为世界上最深的海洋；人，只有把自己放低，才能吸纳别人的智慧和经验啊。

一个谦虚低调的人，应该知道把聚光灯打到帮助自己的人身上，而不是使自己引人注目。我们应清楚地知道，没有别人的支持，你将什么也不是。

虽然为了实现自我，为了以后的理想，人是不能不争取更大的生存环境的。假若因缘不具足，理想暂时不能完成，是否想想父母，他人？少一些为私利打算的心，少一些懈怠心，自己的空间会大一些。其实很多进入北大的孩子都是单纯而优秀的，内心很执着很有毅力，也多少有点完美主义情结。他们在学校里面被灌输的教育是要成为国家的栋梁，在自己的领域里面成为领军人物。没有人告诉他们该如何面对人生的坎坷、个人的痛苦，也没有人告诉他们如何安抚内心的冲动与创伤。

圣严法师说：一个人如果能够认清凡事有顺、有逆；职位有升、有降；事业有成、有败；顺逆、升降、成败都只是过程而已，如此就能时时安住于当下的幸福人生了。如此一来，遇到困难，就不致灰心；遇到顺境，也不会发狂。而且经常要有危机感，不会张皇失措了。此外，也要常常抱有新希望，遇到万事如意的情况，就不会骄傲自满。于是，人间就无悲剧了。

“精英情结”和“完美主义”，有时确实能害人。长期以来，我们的教育都倾向于引导学生考上名牌大学，当“成功人士”，低估和轻视人的其他成长需要。成长的路上，地位、权力、财富、友谊、爱情、责任、事业……于是行囊便渐渐被装满了。由于沉重，快乐也就渐渐地消失了。把自己看得淡而又淡，这个是大智慧。学会放弃，拽得越紧，患得患失，最痛苦的是自己。取舍间，必有得失，所以，得之，我幸运，失之，我命，尽人事，顺天命。又有什么面子不能放下的呢？一次失败，就能让一人颓唐至此，可见这种心态需要反思。很多时候，根本问题就是我们看待事物的方式。当欲望太多，计较太多，背负太多时，痛苦、烦恼、忧愁和沉重便产生了。欲望越多，痛苦便越多，幸福便越远离。做一个简单的人，踏实而务实，不沉溺于幻想，不庸人自扰。

8

写作是一种灵魂的救赎

文学和写作之于我的意义，不亚于让我又一次重生。与文学大家相遇，与那些丰富的灵魂相遇，使我的心灵空旷了许多，开阔了许多。文学带给我的是个人一次内化的、对本心的发现的过程。记得第一次读鲁迅作品的时候，当我生命有了共鸣时的那一刻，面对先生，我真的是土崩瓦解！和他相遇，是一个体与另一个独异个体之间，就像一个昏睡者被另一个觉醒的灵魂唤醒，只要这样的传递和唤醒不停止，我的心魂就在跳动。

从2009年3月起，再到2011年秋天，北大中文系连续邀请了12位作家演讲。幸运的是，我在现场聆听到了大部分演讲。那么，写作意味着什么呢？请看当代中国作家们都怎么思考。

王充闾的历史文化散文带着一种“现实关怀”，体现在对于现实人生与人性的关注，诸如人生的困境、生存的焦虑、命运的思考、人性的拷问等各类问题。

李锐真诚、执着地关注语言自觉的思考，在内外交困价值失落的煎熬下苦苦寻找一个支点。他说：“我反复多次地讲，就是我讲语言自觉，讲用方块字深刻地表达自己，绝非是要建立一个方块字的牢笼，把自己囚禁起来。不是那个意思。这个世界早已经是你中有我、我中有你，重要的是，我们怎么在这个世界上能够以一种宽厚的心对待自己的历史，也对待别人的历史，怎么才能在幻灭当中，点燃绝望，为自己照明。这是每一个艺术家内心的追求。”

刘震云在演讲时，反复提到胸襟、气度、眼光和人生态度的重要性。他说赵树理是从一个村庄看世界，鲁迅是从世界看一个村庄。他不断地让自己做到老实，老实地看世界，老实地说话。

莫言一直把写人作为主要目的，表现人的灵魂、情感、命运的变化，他也关注在那些感官性刺激中，注入历史的厚度、人性的厚度。

阎连科在思考如何打破乡村写作中的鲁迅模式和沈从文模式，重新思考小说和现实的关系。

总之，我从他们的演讲中分享着焦灼、痛苦、挣扎与思考。

时至今日，“作家”浩如烟海，大都在围绕身体、本能、欲望与功利写作，即使看似在彰显正义，也是在用“正义”的噱头掩盖私心与丑行。原因何在？余杰认为，当代文学已经患上了五个严重的病症：只有“小聪明”而没有“大智慧”；只有泛滥的抒情而没有冷峻的真相；只有血腥的暴力而没有爱和悲悯；只有肉体的“活着”而没有灵魂的求索；只有纵欲至死的此岸而没有永生盼望的彼岸。的确，今天的中国需要的文学，乃是充满大智慧的文学，乃是揭示冷峻的真相的文学，乃是传播爱和怜悯的文学，乃是展示灵魂的求索的文学，乃是指向永生盼望的彼岸文学。

我们身边很少有人真正在过内在的灵魂生活。而一些所谓的人文学者，其实缺乏灵魂的生活。自己没有灵魂的人，怎么能充当拯救别人灵魂的导师呢？也就是说，他不是缺乏社会承担，而是不能真正作为有灵魂的思想家来面对社会问题。

作为70后出生的人，我在粗粝的环境中成长起来。所谓粗粝，一是物质生活的粗粝，二是精神生活的粗粝。物质生活水准低下，刚刚够吃饱穿暖。精神生活也干瘪粗糙，跟优雅的精神生活连一点边儿也沾不上。文学、艺术、哲思、灵修，只有从这些真正高雅的美的鉴赏和创造活动中，人才能获得真正的优雅。

普通人从生活中得到物质的快乐，作家也许更能从中寻找精神的乐趣，寻找灵魂飞翔和停留的印迹。我内心笃信，即使写作艰难，可能会被曲解，它依然是个人潜在的救赎之路。从《坚守与突围》《暗夜里的过客》《后鲁迅时代的精神求索》，再到《北大偷学记》《问道北大》和《生命的菩提》等，每一本书的写作，我都服从自己的灵魂，忠实于自己真实的生命体验，它们是我最近十年来留下的精神足迹。究其本质，写作终归是一个人的内心事件。的确，只有写作让我感知到自身的存在。离开了写作，我就成了和身边的亲人、朋友、陌生人一样的普通人了，我无法成为一个不依赖于任何事物的强大的人，也就无法不恐惧。在这个精神日益被粗鄙化的时代，写作的意义就是自我的救赎。

每当我遇到极为悲痛和苦恼的事，总是等到夜晚，走到户外星空下，以求得无声的满足。我无意刻意张扬批判的姿态，更不是为了制造仇恨而写作，而是从丑恶与平庸突围出来寻找那一线的温暖，这要同时具备两种能力：恨的能力和爱的能力。

王小波的小说《万寿寺》结尾写道："人拥有此生此世是不够的，他还需要一个诗意的世界。"人生来就是孤独的，所有的关系都是身外之物，对于渴望自由飞翔的灵魂来说，都是羁绊。有的思想家是孤独的：鲁迅、尼采、叔本华、卡夫卡、梭罗，盖因不如此不能面对真实的世界和宇宙。

文学的本源在人自身和他的灵魂。文学作品，重要的是要在受者的灵魂深处引起共鸣。写作就像化蝶，一次次蜕皮，一点点地长大。蜕一次皮就长大一点，这是生活体验；一旦蛹化成蝶，就变成了生命体验。生命体验是孤独寂寞的，灵魂的蜕变更是痛苦的。我觉得应该有更多的作家和作品进入生命体验这个层次，让灵魂在空旷的时空里，叙写那份最真的感受。

写作服从心灵的需要，写作是为心魂寻找一条活路，要在汪洋中找到一条船。从中国的曹雪芹、鲁迅、沈从文、萧红、史铁生等，再到外国的陀思妥耶夫斯基、托尔斯泰、卡夫卡、里尔克等，他们都是在通过写作为心魂寻找一条出路。特别是史铁生，他的写作源自对生命的困惑与痛苦，是一个健全的灵魂对人生基本命题的哲学思辨。写作是史铁生生命的唯一寄托，只有当生命还原成纯粹的生命时，写作中寻找的才是灵魂的归宿。

读书以能改变气质为贵

书如瀚海，把人淹没。坐在图书馆，四顾茫茫，永无涯际。

很小的时候，我爱乡村的四季，感觉世界是美好的，人间是快乐的。那里没有钩心斗角、尔虞我诈，只有清澈的绿水和新鲜的空气，给人带来自由和安详。

还记得江南读书时候，两个学生为了慧能大师那个偈子“菩提树本无树，明镜亦非台，本来无一物，何处染尘埃”中的“菩提树”而争论时的情景。因为他们都不懂得佛法，所以谁也说服不了谁。

中学时我又迷上了朦胧诗人的作品。那本最早买到的《现代抒情诗300首》，至今还在我的书架上。喜欢看顾城的诗，是因为先喜欢了他这个人。是因为他的真纯和童心，还有他唯美缺憾的爱情。只要遇上他的书，我是从不放过的。后来，听说他自杀了，我愣了好半天，之后很长一段时间内不读他的诗了。

大学时期，除了中国古代文学作品和现当代文学作品以外，外国文学名著看得也多。读着读着，天就亮了。这感觉真好！

可是，书读多了，不接地气，脱离生活，与生命脱节，就容易变成“书橱”。著名企业家马云说：“读书像给汽车加油，得知道去哪里，装得太多就成了油罐车。不读书和读书太多的人，都不太会成功，所以别读太多书。”这样的话并不偏激，说出了一个事实。一个人能否成功可能由情商和人脉决定，但人生质量和生活品位却往往由一些看似无用的东西——比如文化、艺术和信仰来决定。这里，也提出了一个问题，读书有三忌：一忌先存警戒心，二忌先存敬畏心，三忌先存功利心。总结一句，读书可以改变气质，但只会读书的孩子不会有太大的出息。

曾国藩说过一句极精到的话：“书味深者，面自粹润。”意思是说，读书体味得深的人，面色自然荣粹而滋润。在物欲羁绊下，他合了儒、道、佛等各家学说，把“静”字功夫看得十分重要。

北大的诸位教授，对读书也都有各自的体会。

李零先生提醒，读书最忌“活学活用”，他不喜欢正襟危坐地读书，喜欢以读者身份说话——不是居高临下而是自娱自乐。他一直对各种“热”特别是各种读书“热”保持怀疑和警惕，他说：“这个时代太‘热’了。回首过去，发现‘热’的特点是反复碾来碾去。30年前有启蒙运动，它和‘文革’反着来。以前是骂祖宗，现在是卖祖宗，我一直纳闷怎么转过来的。”“所以我对各种热闹一直怀疑，我见过的‘热’都是荒唐的。”正因为对各种“热”有怀疑，所以对各种事情都害怕。

说到读书的策略，陈平原先生的意见很简单：第一，读读没有实际功用的诗歌、小说、散文、戏剧等；第二，关注跟今人的生活血肉相连的现当代文学；第三，所有的阅读，都必须有自家的生活体验做底色，这样，才不至于读死书，读书死。他说，读书有三种境界：一、好读书，求甚解——这是学者的作风；二、不好读书，求甚解——不看书也能说，这是豪杰；三、好读书，不求甚解——这是文人，文士。

汤一介先生谈及读书观，说：“好读书，不求甚解；每有会意，便欣然忘食。”他说，一个学者一生要读各种各样的书，不是读什么书都要做到甚解。很多书不能要求都“甚解”的，知道一点就行了。它可以帮助你开阔眼界，拓宽思路。读你自己专业的书，当然要求了解得深入一些，但也只能要求“深入一些”，也不可能字字句句都有所谓“正确了解”，而“会意”则是更为重要的。哲学家要求的是“六经注我”，而非“我注六经”。“会意”实际上是加上你自己的“创造”，这样才真的把学问深入下去了。

何怀宏先生读书的时候，正处在一个知识禁锢和读者饥渴的年代。不过，尽管如此，他读过的书显得相当庞杂，包括自然科学、哲学、历史等方面的，旁听他的课程，深感他知识庞杂。何先生主张，知识分子，以独立为第一义。他提倡，让温和成为主流态度。在我看来，他是北大教授中最具思想能力的一个人。何怀宏用4年多时间，走了别人可能10年才能走完的路：分别用两年时间完成了硕士、博士学习。尤其可贵的是，无论是读书、翻译，还是出书，在何先生看来，都是思考人生、社会的一种方式。何先生说：“在我的词典里：思，丝也，思乃我生命的游丝或触须，在风中试探，试试看能抓住什么。思，乃对生命的执着和对死亡的抗拒。活着，就意味着思考。也可以说，思考的人才是有尊严的人，人在思考时最能表现出他的特性。”

对于我而言，我觉得自己的读书存在“偏食”现象。就是过于偏爱文学，轻视哲学、宗教和历史，导致自己看问题爱较真不圆融。在这方面，最佩服的是鲁迅先生。他对科学理性和民俗宗教有着深切的理解。当人们耽于玄学的时候，他却强调科学的理性。当唯科学论占上风时，他又注重心灵的漫游。选择了什么的时候，就又警惕着什么，不被俗谛所扰。鲁迅看似一个偏激的人，其实更带有合理性的一面。

最近，又有读者想让我给他开个书单。我没有答应。

关于读书，不好给人胡乱开书单的。这很忌讳。我觉得读书的目的之一，除了欣赏以外，在于能变化气质。果能此道也，虽愚必明，虽柔必强。我主张为人生而读书。要将读书与变化气质和研究人生问题结合起来，要结合生活来体会。如果您要尝试独立思考，我的建议是，要谨慎。因为，人都有一种非常强的自觉意识。这样的人我在网络中见得很多，动辄就“我认为”“我觉得”，自我非常强大，这种强大不是真正的强大，真正的强大必须经过思辨。但是，一般人没有思辨能力，尤其是刚入大学校门的学生。所以，我建议从经典入手。北大的本科生刚开始都要开设经典导读，中西的经典是源头，必须要返回源头开始。要带着尊重和敬畏去阅读，倒空自己，消融“我”。举个例子，一提庄子，就有人说消极，什么是消极？什么又是积极？消极的就一定不好？积极的就一定好吗？有人用“辩证法”来观庄子，基本上是以前教科书上很害人的概念。庄子是在论形而上学之“道”，所以我们也应在同样的层次，而不应在经验的层面理解庄子的“不谴是非”，他不至于糊涂地认为在经验生活中没有是非、好坏之分，比如用洗脚水来煮饭。经验生活中的对立面统一与转化之类，不是了不得的贡献。大众只是在这个层面讲老庄，是末流，是未闻大道。训练这个眼光很难，因为我们在长期的洞穴中，习惯了经验眼光。得道者寥寥即为此。我感觉自己的思维方式被模式化和经验化了，应该用用佛教的方法理解佛教和庄子。

再举个例子，一提鲁迅，就说他是一个也不宽恕的“斗士”，似乎鲁迅成了刀枪不入的蜘蛛侠，很有问题。北大教授杨立华对这个问题就特别指出，“会思考”跟“不会思考”，根本区别就是在于是否有节制性，能不能把自己的思想约束在适度的范围内。真正的学者，“学”和“思”之间是有一个过渡的。我们首先是学，教育实际上传承的是“学”，而不是创造性的“思”。所以教学方面，他注重的是“学”，尤其是对本科生。

2005年他就说过：基本上不鼓励学生自由思考。如果连知识基础都没有掌握，凭什么思考？最多也就是胡思乱想。这个世界杀人最多的是思想，思想一旦错了杀起人来不得了。所以孟子讲“正人心，息邪说”，讲得多郑重啊，言论思想发生错误，那可不是一个小事！对一个小孩子一上来就先鼓励他自由思想，他有什么资格自由思想啊？现在这个时代有很多荒谬的、完全未经推敲或者经不起任何推敲的观点充斥其中。所以杨先生在课堂上的一个基本思路就是，告诉学生真正的大哲学家在面对他的时代困境的时候、面对人生基本问题的时候，他是怎么思考的？他调动哪些资源来思考？他思考以后的结果是什么？把所有的学养调动起来的时候其实就是思考，而思考的前提往往就是“审慎”。

杨先生提议，我十分认同。目下这个时代，歧说遍地，连许多学者也打着思想的名义胡说八道，贻害社会。特别是有知识的人，你的思考是建立在你的知识背景上的，不是游谈无根。大学生的特点就是特别自我，要注意先建立一个基本的知识结构，需要从“学”再过渡到“思”。很多人最终论述的观点可能是我们不能接受的，但是整个论证过程中他所调动的思想资源，他的思考能力，他解决问题的方式，这些东西都能给我们带来丰富的启发。这个要注意。

关于读书，就要从经典读起，比如儒、释、道、基督教的经典。如果是文学青年还喜欢思想，又实在觉得经典难以进入，就应该从有思想的作家的东西开始读。如：托尔斯泰、罗曼·罗兰、茨威格、卢梭、罗素、萨特这些人。国内的作家鲁迅、沈从文、诗人海子、北岛、顾城、穆旦、昌耀等。刚开始进入文学的，唯美的东西不能少读，少了下笔会显得文字生涩，太学院化就很糟糕。因此，最好读读川端康成、莎士比亚、屠格涅夫、契诃夫、泰戈尔、郁达夫、梭罗、歌德等，这些语言大家的东西尽量多读。基本经典当然不可缺少，比如《论语》《道德经》《庄子》《心经》和《圣经》，不一定有精力，但必须明白这些是根源性代表经典，能帮助建立个人世界观和方法论。古希腊、罗马、中国先秦诸子百家、当代西方思潮代表作不可不下工夫读。读书有三个注意:

名人传记。这种东西翻得越多越好。

选好版本。傅雷翻译的书最好都读，同题的别人翻译的就算了。

文学性。一部好的小说，首先不是体现在思想性上，而是文学性。文笔不美，语言拖沓，让人没法读下去。故事技巧是叙述的最大关口。练描写文字不难，中学生都能写得很有模样，但好的叙述文字连起来就困难了。但叙述文字是语言表达准确度的关键。故事技巧有助于练习叙述语言。关于语言，也是个重要问题。初学者最好读读《古文观止》和古代诗词。总之，既要注意文学性，也要兼顾思想。下面顺便提提我喜欢的书:

《论语》——中国人做人处世的经典著作。人是社会性的动物，他的思维、认知一定与环境、阅历有关。如有可能，最好读读《曾国藩全集》，人要进入社会，首先要做的就是自我修炼。

《鲁迅全集》——鲁迅是中国唯一具有深刻思想的大作家。他对于中国传统和国民性的认识，十分深刻。鲁迅主要是启发“自性”的灵性，以独立个体的方式存在。

《圣经》——滋养灵魂拯救苦难的智慧宝典。

《庄子》——中国文人的心灵圣经。

《坛经》——佛学是人类的高级智慧，能有慧根的话，大乘佛学类经典都可以读。

《卡拉玛佐夫兄弟》——陀思妥耶夫斯基所有小说，其实都可以读。具有思想深度和天才的大作家。

《李泽厚十年集》——李泽厚建立了主体性哲学，同时推崇鲁迅，近年仍然建构自己的哲学。

《拯救与逍遥》《走向十字架上的真》——刘小枫不是思想家，更不要把他看作“公共知识分子”，虽文笔华贵，然对鲁迅的认识有误，但其可贵之处在于引入了基督信仰资源。

此外，荐阅文史类刊物：《书屋》《书城》《天涯》《读书》《万象》《东方》《随笔》《国家地理》。

在苍凉的世界中尽力而为

人生在世恍如一梦，生、老、病、死匆匆忙忙几十年。容颜、身体、金钱、名誉、权势、爱人等，都有可能因内或外的原因而失去。短暂人生、苍凉的人生该是怎样度过呢?

任何一个不回避当下生活的人，都不可避免地要追寻生存的意义。当下的中国人，最难的就是安妥自己的灵魂。一个只有物质家园而没有精神根基的人，他不过是流浪在精神废墟上的孤儿。

钱理群先生也是曾对我的思想产生实质影响的北大教授之一。熟悉钱先生的青年人，都会被他的气质所感染。他的演讲激情，能不断逼视你的灵魂，触动到你的神经，并促使你去反思自己，他是当代的堂·吉诃德，像鲁迅笔下的“精神界的斗士”一样，十分清醒自己的存在，在“冻灭”和“烧完”之间宁可选择“烧完”，他的价值与意义，不在于“结果”，而体现在“过程”。

从20世纪80年代末开始，鲁迅突然变得不合时宜起来。许多人将其视为文化怪物，敬而远之。不过，钱理群认为，鲁迅在当代社会并没有失去价值，反而更加有意义。为此，退休以后的他，到处去各地讲学，还在北京和南京的几所中学传播鲁迅，甚至还到台湾大学传播鲁迅。钱先生也曾经苦闷、寂寞、彷徨，冷却了对未来的希望，但是他内心的激情理想从不曾泯灭，他燃起希望，只愿把光和热献给人们和未来世界。他的著述惊人，大学内外都有他布道的身影，无论你是否认同他的观点，都不得不承认，他是当下学界一道亮丽的风景。

一个人在旷野中，被狮子追赶，无处可逃。正好看到一口枯井，就顺着井中的藤爬了下去，爬到半途，看到井底有四条毒蛇吐着舌头，上面又有黑、白两只老鼠在咬那条拉他的藤。一旦藤被咬断，即使不跌死，也会被井底的四条毒蛇咬死，正在万分惊恐时，飞来五只小蜜蜂，滴下了五滴蜜。蜜刚好滴入他的口中，满嘴香甜滋味，让他忘记了一切恐惧。

这寓言说的是人生。人被无常的狮子逼进了枯井，井下是生老病死、地水火风四条蛇，正在盘踞吞噬。而生命的藤又被象征昼夜的黑白二鼠啃啮着。五只蜜蜂，则比喻五欲——财、色、名、食、睡。一点甜头，就能让我们忘记危险，这样的人生是多么的被动，又是多么不自由呀。

现代人为形役使，为物牵绊，为性困囿，对荣华富贵、名闻利养，拼命追求，苦心劳神，不知疲倦。而当岁月逝去，蓦然回首，却发现一切不过是一场梦，这是何等苍凉的境况呀！

人生，短暂、渺茫，仿佛西西弗不停地推一块石头上山又滚落下来，多么荒诞！面对这样的人生，谁能又够真正的超然？鲁迅是一个发现铁屋子的人，他呐喊着要打破，结果被唤醒的人更加痛苦；高行健在荒诞中，找到了灵山，回到清静的本性；川端康成在物哀、风雅、幽玄之中走向死亡，在一片冷寂中涅槃；庄子洞悉了生命之“困”，以心灵为炉，熔铸整个世界、人生和历史，走向超然之道；米兰·昆德拉在轻与重和灵与肉之间摇摆，探讨一个问题——人的存在究竟是什么？陀思妥耶夫斯基在对灵魂的残酷拷问中，慢慢靠近神性；周作人摆脱了沉重，于恬淡避世之中透着安乐与超然……

人生不足百年，如何做到不苍凉？真正要求自己能够不苍凉、不孤单，并不是去要求外力来弥补自己和安慰自己，而是以自己的力量去弥补他人的苍凉与孤单，唯有把我自己的苍凉感彻底忘掉，自己才会从苍凉的痛苦中得到解脱。人，不仅是生物意义上的“自然人”，还是社会意义上的“社会人”。人生在世，其实就是一种责任。

儒家强调“治世”，释家强调“治心”，道家强调“治身”，中国传统的儒、释、道三家都是平和的，整体上关注“向内超越”，而不是向外追逐和索取。佛经中关于佛家子弟焚身、剜肉，以代众生受苦、救赎众生的记载不胜枚举，我们是凡人自然做不到，但是有益别人、社会的事情，而不是专为自己吃好、穿好、住好的，这是可以做到的。假若能“活出诗意与尊严”，就更好了。

第五章

背负着梦想和重压前进

适当逼一逼自己的潜能

潜能，是一种能量，也是支撑我们精神大厦的支柱。它会帮助我们扫尽前进途中的一切障碍，从而轻松地驶达成功的彼岸。而一个没有自信的人，首先在气势上就输给了别人，自然也就难以取胜了。因此，能发挥潜能的，永远都是那些充满自信的人。

多年以前，我大学中文系毕业，回到S城工作。

我自由了，可以尽情地读书了，可以彻夜不熄灯地看书写作了，可以不发愁没稿纸了，可以不再四处搜寻牛皮纸糊寄稿信封了。房子很乱，到处都是书、纸，谁也不敲我的门。我一进去，就进入了创作的境界，散文、诗歌、评论写了很多。

“天马行空”的日子没有多久，我便陷于极端的愁苦之中。社会上的复杂，人际关系的是非，工作上的绊绊磕磕，情感上的纠缠，一时让我陷入一个巨大的旋涡当中，我才知道了一个乡村少年的单纯，一个才走出校门学生的幼稚。我一面读中外名著，一面读社会的大书。工作不到三个月，我便暗暗对自己说，你可不行啊！社会如此复杂，自己头脑中只有一些柔弱的文学和诗歌，如何适应这个严酷的社会？！于是，我每天除了骑着自行车下乡采访以外，有时还要费力琢磨一些人事方面的事。有时也不是自己逼迫自己，就好比上班高峰期挤地铁时的情况一样，你都还没来得及迈步就被挤进车厢，有时都差点出意外。而我，真的出意外了。

早在S城刚工作时，我一度不被当时的上司重用。有一次，他在自己的办公室对我说："俗话说，此地不留爷，自有留爷处。"此话虽然是激将，却促使了我的思考，那就是：离开这里，我能生存下去吗？我对自己没有信心。因为我下学不久，适应社会的能力还很差。

接下来，是继续"愤青"还是与体制配合？我都没有选择，而是自我放逐，决定走出S城来到北京，逼一逼自己的潜能。

同大多数"北漂"一样，来北京之初，我遇到的困难是巨大的。首先就是生存问题。别说能挣多少钱实现什么抱负，当时我经济拮据得连场电影也看不起，那种情况下没想去北大听课。我四处找工作投简历，却四处碰壁，没有什么好的机遇等着施展我的文学才华。最后，在一位朋友的介绍下，我来到北京一杂志做编辑。总算找到了工作，可以有饭吃，月薪4000元左右。杂志社工作不忙，总编对我生活也很照顾，但是杂志主管上司是大学中文专业毕业的，是位处长，把关很严，写的人物采访稿常被他看出"硬伤"，推倒再来。我写的文章第一次被人挑剔，自信心下降到了极点，没有办法，只得一点一点慢慢学习。为了生存，写着些与文学无关的混饭的东西。

初到北京的日子，我连交通都不熟悉，每次出门坐13号地铁，从龙泽站到市区采访，路上就要好几个小时，回到家还要整理录音，周末了往往还要加班。就这样，过了七八个月，我辞职走人。那时，我有了两万元。但是，前途渺茫，该怎么办？一次，我坐地铁去中关村，路过北大、人大和国家图书馆站，发现这里四周都是大学，而且文化氛围浓厚，就想在这里租房。不久，我从网上找了一份工作，是一家教育机构的内刊编辑，月薪也是4000元左右，比较轻松。那时，我在国家图书馆对面租了地下室的房子，遇见了前来北京考研的老乡，交谈之间，重新点燃了我的求学之梦。他问我："你有时间，可以去北大听课，我这里有北大各系的课表。"从那以后，我就忙碌起来了，一边工作，一边听课，这样的日子，一直持续了好几年。北大的课程全天都有，从早晨8点到晚上9点，只要你有时间和精力，整天都可以听。只是有一点，北大图书馆不全对外开放，受到一些限制，我就到住处对面的国家图书馆看书、查资料和上网，还可以去国图食堂和国图对面的餐馆吃饭，周末还可以去教会查经，现在想想，这段时间也算是我人生中最快乐的日子了。这种生活，虽然劳累、辛苦，但很充实。后来，我在北大一次企业家的讲座中，遇到了江浙那边来的一位企业家，彼此成为朋友，我兼职为他的企业做事，有时一年能赚10万元，从那以后，我的生活安稳下来，有了经济收入，可以安心在北大学习了。我的书出版以后，一些朋友来信表示，他们也想来北大旁听。我说，来北大旁听可以，必须先解决好自己的生活，而解决生活问题，必须要挖掘一下，自己是否有一种内在的潜能。

有了潜能，还要有信心。信心是我们心中的磐石，有了它，我们就可以岿然不动，任尔东南西北风；有了它，就可以坦然面对困难，而不是妄自菲薄，自暴自弃。每个人都有遇到困难的时候，每个人也都有情绪低落的时候，这时，我们需要静下心来，慢慢调整自己。对事物的态度不同，所取得的结果也会不同。

梦想，谁都会有。朝向自己设定的目标，克服所有那些预期的未预期的障碍，充分挖掘自己内在的潜能，这才是重要的。我们不妨试着去认识和接受自己，不要总是把自己困在别人的评判之中，也不要把自己隐藏起来，主动正视自己的才能，尽可能地发挥出自身的潜力。

不要总是抱怨环境

抱怨作为一时的情绪调节，可以理解；但一旦成为一种习惯，人是会受到一种阴影的干扰的。

人生就是一个大舞台，每个人都要找到适合自己的角色。生存本身不易，就不要老是为他人和环境所困扰。

生活中难免出现逆境，不要老是抱怨，任何事物、现象的发生，都有它一定的原因。我们不须追究原因，也无暇追究原因，唯有面对它、接受它、处理它、放下它。

有一次，于丹来北大演讲，讲述了改变她一生的特殊“留学”经历：

她从6岁上小学，到24岁研究生毕业，18年没有离开过校园。在北京师范大学中文系读书时，长长的头发，风花雪月，浪漫天真。1989年以后有一个锻炼的规定，大学生、硕士生要带着自己的户口或者是去讲师团，或者是到农村去锻炼一段时间。于是，从1989年一直到1991年，她到一个叫柳村的地方“锻炼”。

到了柳村后才发现，条件非常艰苦。在那个印刷厂里，一帮女孩一人手里拿一块丝棉跪在地下擦，一天跪下来，等到打下班铃她们就直接坐在地上，没有人再站得起来。

那段人生经历让于丹终身受益，在那里经历了很多坎坷，也经历了很多心灵上压抑甚至迷惑的时候，夜里没有电，就在黑暗中用老式录音机放崔健的摇滚，一屋的啤酒瓶子，大家在一起唱《花房姑娘》《一块红布》《快让我在这雪地上撒点野》。白天的日子很苦，女孩子后来被分配去干一种活，叫闯活。什么叫闯活呢？就是铜版纸厚厚的一大摞，闯齐了，但厚厚的一摞先倒下，再闯齐了。铜版纸一下子下来到起来，抡起来这一下子，她们的手十几条口子，每一下都像小刀子一样，但是不能戴手套，如果戴手套不借着汗劲是闯不起来的。那个活干完以后她们的手都攥不上，拿不了筷子，因为手都是血口子，都肿了。

那一段岁月给了于丹什么呢？她总结说，当你人生遇到不适应，也会遇到吃苦，怎么办呢？第一，迅速地接受它。第二，改变它，跟它一起调试出一种价值。第三，在价值之外建立快乐的生活方式。

故事中，于丹对我们的启发，归根结底就是要让人明白：社会是有规则的，或者说是以固定的形态出现的，但是人却是可以随时改变形态以适应社会的，说得更简单一些就是要善于改变自己。

有人总是喜欢抱怨命运的不公，从而使自己情绪长期处于低落的状态，使自己失去面对生活的勇气。与其抱怨，不如改变人生态度。祥林嫂每次一开口总会说：“我真傻，真的。”然后就会说：“我单知道雪天时野兽在深山里没有食吃，会到村里来；我不知道春天也会有。”她喋喋不休地向人诉说自己的不幸，结果却让自己陷入更深的不幸中。

荀子说：“自知者不怨人，知命者不怨天，怨人者穷，怨天者无志，失之己，反之人，岂不迂乎哉！”遇到烦恼的事情，不要把失意与挫败归咎于环境和他人，那些因素只是诱发烦恼的外因，而自身的个性心理弱点才是导致烦恼的根本原因。

其实，也不是多么深奥的道理。就拿我来说，父亲去世很早，命运强迫我早熟，爱与恨，生与死，它们的来与去，都由不得我。我很早就明白一个道理，只能主宰生和死之间的那短短的一段时光。活着，就活好它。在S城工作的时候，曾有几年，我因坚持自己的追求不被重用。那个时候，在短暂的牢骚以后，我就开始重新找回自己的坐标，不跟着别人盲目跑，别人漂浮在上面，我骑着自行车深入基层调查，别人喝酒闲聊的时候我用来读书，既阅读书本，也研究社会。

现在回顾我的过去，那是一段“脱胎换骨”的过程。

与农民的日常接触使我懂得了农民和乡村。农民远不是我从书上读到的所谓“愚昧”“狭隘”那样一种固定模式，那纯粹是某些脱离基层的“知识分子”所虚构出来的。我在读他们，也是在读人性。我了解他们，就是了解中国。但我同时更多也在读自己：在他们中间，我是什么以及可能是什么？假若处在他们的位子上，我会比他们表现得更好吗？我的能力会比他们强吗？那几年来，我分别在农村和城市两个不同社会场景之间穿梭来往，见到过各种场合和世面，也亲身经历了如同小说中那样惊险离奇的故事场景。我自己置身其间，和社会最底层打交道，有一种超越于物质与利益以外的满足感。这些都与我不抱怨环境、充分接纳自我的性格有关。

来北大学习后，我又带着这种置身、观察、了解和研究的心态学习，接触了形形色色的学者、知识分子、作家、企业家、政治人物等，不知疲倦地学习文学、哲学、国学和宗教，我承认，人生的过程中尽管不无遗憾，但逆境和挑战只要能激发起生命的力度，我们的成就是可以超乎自己所想象的。

要想法扩大视野开拓思维

国学大师王国维曾在《人间词话》中说过人生三境界，第一种境界是："昨夜西风凋碧树。独上高楼，望尽天涯路。"

这里的"独上高楼"，就是获得一种朗阔的精神大视野，便于"望尽天涯路"。假若遇到各类困境，无法保持清净心，就会被自己的情绪和周围的环境所左右，就难以应对。

有一句话说得极好，"视野决定高度"。北大之所以为北大，在于她"思想自由，兼容并包"的精神传统，还有一些熠熠生辉的人名，比如胡适、陈独秀、李大钊、鲁迅、傅斯年、梁漱溟、马寅初等。

回顾在北大旁听学习这几年，我得出这样的结论：只有年轻时开阔眼界，今后的人生和职业道路才会宽阔。北大的好处在于，她给予你的是精神激荡的视野，从而让你学会和坚持独立思考。

就说一些北大教授吧，各具特色。王瑶先生潇洒通脱，钱理群先生天马行空，陈平原先生引经据典，陈鼓应先生逍遥达观，楼宇烈先生圆融智慧，朱良志先生才情飞扬，王博先生睿智深刻，杨立华先生狂狷激情，何怀宏先生深思平和，曹文轩先生唯美细腻……这些教授的特色，就是知识深厚、视野开阔，充满人文精神。他们把学问做活了，知人论世，对于许多社会现象，可贵的是那种犀利的批判眼光。能被诸位先生的学问香味熏了七年，真是人生的福气。

在中国，很多人还是把“上大学”等同于“找工作”。于是，大学成了职业培训班。但是在北大几年，你完全可以获得人文、社会或自然科学方面的基本知识，还有很好的思维训练。北大的优势在于人文，加上最近几年推广“通识教育”，这些“素质教育”面很广，且容易让学生吸取“营养学分”，一般大学几年，只要用心，就都可以有文学、哲学、宗教、历史和艺术方面的熏陶。在一代代北大人的呵护、承传与发展下，“北大精神”自然能给你涵养，让你能有精气神儿。当然，我们也看到，某些北大教授、学生有精英意识，精神上有“洁癖”，他们的言行举止里有自负、媚俗、肤浅、狭隘、娇纵，这些正说明他们也需要社会历练。

去北大以前，我的思想基本上还停留在某个凝固点上，对很多问题产生困惑，直接影响现实行动。直到2007年来到北大，与北大学生一起生活、学习后，才真切地接触到了不同的生活和思维方式。

这几年的时间里，我的想法发生了很大的转变，不仅视野变宽了，思维也开放了，而且不再把自己关在自己的小天地里，而是积极地投入到各种社会实践中。

因此，我觉得做事情以前，有必要先“悟道”，也就是要让自己的思维变得宽阔，而思维的开阔首先要依赖于眼界的开阔。老是待在一个狭小的圈子里混，什么时候才能改变自己呢？

青年人需要健全心灵的塑造与人格的建立。这是时代赋予我们新一代学人的要求和使命。只要青年人坚持独立思考，坚持独立判断，不妥协、不畏惧、不迷信、不奴性，追求真理、健全心灵和人格，主动地、建设性地去改变身边的事，冲破精神迷障，就有勃发的精神能量。像北大学生一样去开阔眼界，见识一下外面世界的不同，了解一下不一样的文化，就能够帮助我们拓展思路，想别人没有想到的。

我觉得，学生时代最重要的就是，想法扩大视野、开拓思维。如果我们在学生时代就会能主动去拓宽视野，训练发散性思维，那么我们的摸索期就会明显缩短。如果我们已经错过了学生时期扩展眼界的机会，就更要抓紧时间去开阔自己的视野，吸收更多的知识，帮助自己打开思路。

如何开阔自己的眼界，开拓思维呢？

方法之一：大量读书

书里面有智慧，有前人经验的积累。仅仅读书还不够，内容、思想、境界、灵魂、精神和智慧，这些才重要。读书一旦真正融入内心就成为自己的精神内核，谁都拿不走。

读书对人的两种最主要的作用：一是储备丰富的知识。阅读可以获得渊博的知识和学养，可以对人生、世界和生命建立基本的理解和认识；二是思维方式的改造。思维方式一旦发生改变，看待事物的角度和方式也会不同。

读书可以自救，打捞尘世中喧闹的心。自救，关键是救心。有人活在这世间，劳碌而无功，好像无头苍蝇；有人看到利，眼睛就像狼一样，都是因为一颗“成心”在起作用。心中无妄念，气自然无生。太多计较，容易生妄念。世上本无事，庸人自扰之。在心中保持一片清澄，杂念便不会滋生。学会解除束缚，给自己减压，才能活得轻松、快乐。

所谓，心有多大，舞台就有多大。

方法之二：勤在细节处做小事

老子说：“天下大事，必作于细。”意思是说，天下的大事，必然从细微处做起。

可惜的是，我们平时往往会忽视细节。

常常见到这样的人，眼高手低，大事做不来，小事不愿做，而且爱评论别人，与其这样，不如“每日三省吾身”，敛声屏息，做点小事。做事可以磨掉浮躁的性格，修炼出知行合一的功夫。此外，谋求人和事的最佳结合，发挥自己的个性特点把事情做好。

方法之三：积极交流

一个人，纵然是天才，也不是全能的。尼采鼓吹自己万能，结果发疯而死。

积极交流，可以发现别人的长处，取长补短，弥补自身。很多人习惯把自己置于高人一等的位置，似乎自己的谱摆得越高，就越有强势感和主动权。而在现实生活中，人们往往更喜欢与朴实和平易近人的人交往。

用阅读不断充实自己

但凡真正的读书人，都是好学的，他们视阅读为人生一大乐趣。

读书养性。读书无疑是疗救浮躁病的最好方法。读书人与不读书人有时就是不一样，这从气质上便可看出。北大中文系教授曹文轩先生认为，阅读是一种宗教。从长知识、增智慧、养精神诸方面讲，不是单纯的读书就能达到完满境界的，还得有人生的经验垫底，才能将书读好。

这话甚合我心。我在S城工作的几年时间，每天处于精神的荒漠之中，接触的人多有流氓气和市井气，就需要“书卷气”消消毒，而在北大学习，无疑提供了良机。

曹先生说，文学为人类提供人性基础。这个所谓的良好的人性基础肯定有这么一个东西，就是道义感。文学之所以被人类选择，作为一种精神形式，当初就是因为人们发现它能够有利于人性的改造与净化。因为文学从开始到现在，对人性的改造与净化起到了无法估量的作用。但是文学的这种神圣性，在当下的语境里受到严重的挑战和质疑。曹先生坚持认为，若干世纪过去之后，这个道义所含的意义，也不断地变化与演进，但是它慢慢地沉淀下来一些基本的、恒定的东西，比如说无私、真挚、同情、扶危济困、反对强权、抵制霸道、追求平等、向往自由、呵护仁爱之心等。

在北大听课时，当我听到曹先生说到这话时，当时很想鼓掌。他从内心深处感动了我。一代一代优秀的文学家们，但丁、莎士比亚、歌德、泰戈尔、海明威、屠格涅夫、鲁迅、沈从文、川端康成等，用他们格调高贵的文字滋养着我们的心灵。而我，确实是从文学的阅读中获得了营养。而在北大图书馆和国家图书馆，一泡就是一天，我计划在五年时间里，读完500本书。从20世纪外国文学大师、文学理论书籍再到国学经典，我一本接着一本往下读，如饥似渴。

初中二年级时，我认识了同村一位文学青年。他也姓于，三十多岁，是镇上的民办教师，酷爱文学，经常写些小说、诗歌和散文。他的一些作品发表在《阜阳日报》《大时代文学》上，虽然更高级的刊物没有刊发，我还是十分景仰。

20世纪80年代，正是文学的黄金时代，即便我们这样封闭的县城，也活跃着不少“文学社”。那些文学爱好者，有的将文学当成改变命运或困境的救命稻草，只不过等到后来，由于生存的艰难，有很多人不得不放弃了这种追求。初中二年级的时候，我和同班同学也组织了一个“文学社”。那个时候，我刚16岁，就开始接触“朦胧诗”了，奇特的意象，丰富的含义，精巧的语言，一下子吸引住了我。

1992年至1995年，我在安徽芜湖读书。将近三年时间里，我陆续阅读了曹雪芹、川端康成、卡夫卡、顾城、狄金森、沈从文、汪曾祺、贾平凹的书。仔细留意这些作家，不难发现，他们都具有那种孤独、诗化、冥想、内倾、幽僻的精神特质，这多少契合了当时我冷寂荒芜的内心世界。除了贾平凹以外，对我影响较大的就是川端康成、卡夫卡、顾城了。

那时，我很喜欢贾平凹的小说。贾氏散文妙微精深，至情至性，爱写月亮，写得拙厚、古朴、旷远……我购得《贾平凹小说精选》《贾平凹游品精选》《贾平凹散文自选集》和《贾平凹之谜》等，细细揣摩贾氏的写法用意，留神细微的东西，有意识地培养自己的艺术素养，开始讲究语言，同时向大师借鉴，觅精吸髓，花力气去在中国古典艺术中找那些与西方现代派文学相通的方法。

当时，《废都》出版，轰动一时，我曾写了一篇5000字的评论。受贾氏影响，我读中国的老庄、太白、东坡诗文，读《古文观止》。等到在S城工作后，开始喜欢鲁迅，我就渐渐把贾平凹放在一边了，深究其中的原因，乃是自我人格的觉醒，让我再也不满足于铁屋中的昏睡，尝试打破沉闷的生活——我要站起来。总的来说，贾氏对我的影响主要是审美意义上的，鲁迅对我的影响则是思想上的，而在我看来，相对于个体的生存与独立，审美的作用远没有那么重要。

1996年9月到1998年7月，我考到安徽芜湖一所院校读中文系。在这期间里，我系统阅读了中国现代著名作家鲁迅、周作人、郁达夫、沈从文、萧红、张爱玲、石评梅、瞿秋白等和古代作家苏轼、王维、李白、嵇康、阮籍等人的书。

那时，我还是一个校园诗人，每到深夜，备感孤独，没有归属，无法入眠，孤魂野鬼一般，迷迷茫茫，漫无目的，就诵里尔克的诗，《里尔克诗选》和《卡夫卡全集》一直是我常枕边读的书。现代著名作家中，鲁迅冥思痛苦灵魂如旋涡，郁达夫忧郁感伤，周作人内心枯燥如沙漠，沈从文牧歌田园，钱钟书人间智者，萧红是苦难悲悯，瞿秋白书生本色，我多少都喜欢一些，只不过各有侧重而已。那时，我真正喜欢的现代作家还不是鲁迅，而对郁达夫情有独钟。真正喜欢鲁迅，是在S城工作接触社会以后，其间的彷徨、痛苦与战栗一下子就与鲁迅的距离拉近了。自自2003年接触网络以来，关注的知识分子更多了，还结识一批“民间知识分子”，那时对于具有基督教信仰背景的知识分子也开始关注，并认真读起《圣经》来。

营造完美的生活，难说可以忽略阅读这一环节。为什么一些人的精神越发粗鄙化呢？一个盛产唐诗、宋词、元曲，再到“红楼”的民族，一个出现过孔子、老子、庄子、慧能、苏轼等文学家和哲学家的民族，假若不阅读一些文学、哲学和宗教方面的书，他的精神能健全丰富吗？

告别灵魂的粗鄙，走向高贵和典雅，或许就是我们精神努力的方向。

人生是一间布满蜘蛛网的密室

人生如烟，它只是惊鸿一瞥，白驹过隙。像昙花一现，美丽地盛开，然后就消失得无影无踪；像流星划过夜空，灿烂地闪耀，然后就无奈地陨落。

北大教授朱良志先生曾说：

人之生，如陷于井中，四面湿壁，中间黑暗，井中之思，不免局促，暗中摸索，愈加苦艰，长天一望，如从暗室中伸出头来，透透空气，四面打量，原来天地如此宽广。井中的思维，缝隙里的思维，洞穴里的思维，那只能对人的真实生命造成限制，哪来真实的自我！

有人说，有这么一所大学，人人都得上，那就是“社会大学”。而我却觉得，人生是一间布满蜘蛛网的密室，让人无法清除物障，直悟根本。

有的人的生活是苦闷的，被压抑到偷窥、觊觎、互相折磨的程度，是不快乐的。人间有太多的痛苦，太多的烦恼，如果不偶尔采取俯瞰的角度，如何可以承受？生老病死，生离死别，今天这个走了，明天那个走了，而且是永远的逝去，再也不会回来。

也有人说过，人的脸型就是一个“苦”字，天生就该受尽各种苦难。此言不谬。想人之一生，在自己的哭声中临世，在亲人的哭声中辞世，中间最多百十年的生涯，无时无刻不在与艰难、困苦、疾病、灾祸打交道。

阅历增加，对佛教生老病死的体验越真切。这些道理其实早就渗透在中国文化中，渗透在每个中国人的心中。还记得北大周学农先生讲述释迦牟尼在菩提树下顿悟的情形。人生就是如此，没有例外，也没什么太可怕的东西。只是等待一切该发生的发生而已。

杨绛先生说：在这物欲横流的人世间，人生一世实在是够苦。你存心做一个与世无争的老实人吧，人家就利用你欺侮你。你稍有才德品貌，人家就嫉妒你排挤你。你大度退让，人家就侵犯你损害你。你要不与人争，就得与世无求，同时还要维持实力准备斗争。你要和别人和平共处，就先得和他们周旋，还得准备随时吃亏。少年贪玩，青年迷恋爱情，壮年汲汲于成名成家，暮年自安于自欺欺人。

杨绛先生还说：上苍不会让所有幸福集中到某个人身上，得到爱情未必拥有金钱；拥有金钱未必得到快乐；得到快乐未必拥有健康；拥有健康未必一切都会如愿以偿。保持知足常乐的心态才是淬炼心智、净化心灵的最佳途径。一切快乐的享受都属于精神，这种快乐把忍受变为享受，是精神对于物质的胜利，这便是人生哲学。

在人生的汪洋大海，有时我们容易迷失了方向。我们像一叶扁舟，随波逐流，甚至无法把握住自己的方向。我们拼命追求物质，却忘记了心灵。我们拼命追求幸福，得到的却是痛苦。我们拼命追求自我，结果却是我非我。我们末路狂奔，却南辕北辙。

猛然想起我的生命竟已比鲁迅先生还荒凉和粗糙，却仍无成，造化如此，潸然泪下。

但我想更加热爱生命。它是多么美好的一件事。

无论世事如何变幻莫测，我的人生态度始终是积极的，细心观察大自然的景观与变迁，体会人世的变化与无常，以一种悲悯的心情看着世间万象，深刻洞察人身上的各种弱点和毛病，像诗人惠特曼所说的那样：“让我们学着像树木一样顺其自然，面对黑夜、风暴、饥饿、意外等挫折。”努力提高自己抵御挫折、克服苦难的能力，改变偏激的性格，用心做人做事。

庄子说：“古之至人，先存诸已而后存诸人。”拯救别人先从拯救自己开始，它要求我们要以一种严谨的态度、冷静的头脑来审视我们的实际情况，正确估量自我的实际能力，既不盲从，也不僵化。只有这样，才能既帮助了别人，又不影响到自己。

人生途中，有些东西是无法逃避的，比如命运；有些是无法更改的，比如情缘；有些是难以磨灭的，比如记忆；有些是难以搁置的，比如爱恋……每个人的生命，都被上苍画上了一个缺口，不想要它，而它却如影随形。体认到每个生命都有欠缺，就不会再与人作无谓的比较，反而更能珍惜自己所拥有的一切。放弃不能承受之重，放弃心灵桎梏，清空行囊，跳出框架人生，更客观地看自己，才能做到心宽量大，才能使自己走出困境。

从某种意义上说，人生就是历练后的飞翔。

在险恶的世界藏拙保身

几千年前，老子就告诫世人：“不自见，故明；不自是，故彰；不自伐，故有功；不自矜，故长。”

中国的传统文化特别强调群体，不注重个体，因此，无所顾忌，一露锋芒，便要得罪旁人，被得罪的人便成为他的阻力，成为他的破坏者。四周都是阻力或破坏者，在这种情形下，自己的立足点都没有了，哪里还能实现自己的理想和抱负?

作家阎真毕业于北大中文系，他秉承了北大优秀的人文精神。

若干年前，他写过一部小说《沧浪之水》，这部小说再现了知识分子的生存困境：主人公池大为怀抱理想，研究生毕业后被分配到省卫生厅工作。刚工作的时候，他对很多事情都看不惯。然而自己的良知，以及知识分子的坚守都阻止他向现实妥协，在这种痛苦的徘徊中度过了五年。最后，是残酷的现实促使池大为转变。

池大为的人生经历和思想历程，是大多数中国知识分子的缩影。读书时所受的教育是圣贤之道，应该以天下为己任，抛去个人私利。然而工作后所面对的是残酷的人生现实。我们可以发现，池大为没有远见卓识和深厚城府，他的理想和抱负没有一块坚实的立足之地。

那么，吸取池大为的教训，对于刚工作或进入社会的大学生或年轻人，我建议这样做：

调整期望，保持良好心态

刚走向社会，不免自我感觉良好，觉得自己是个所谓的“人才”，有时不免自我期望过高，然而每个成功者的背后都有一番辛酸的故事，都有着痛苦的磨难和经历。对此，要不断调整自己，保持静心、耐心、细心、专心，乐观自信地对待工作和生活。

藏拙保身，适应环境

告别学生生涯，走向纷繁复杂的社会，最重要的是适应性问题。古语说“良贾深藏若虚，君子盛德，容貌若愚”。指深藏不露，表面上看来好像什么事情都没有一样。因此，要沉下心来，学会独立思考，学会承受和忍耐，少说多做，努力适应工作环境，适应社会。藏拙保身，并不是让自我畏缩，只是暂时隐藏起来，默默无声地做自己想做的事情，这种妥协柔中带刚。

从小事做起，缜密谨慎

一屋不扫，何以扫天下？假如连小事都做不好，谁敢把大事交给你呢？不能因为事小就不认真对待，敷衍了事。从小事做起，积累能力和经验。

少说多做，多结善缘

多做小事，管住嘴巴，少点阔论，多倾听同事们的心声，避免卷入人我是非。

不断学习，提升能力

千万别停止进修学习，要使自己处于不断地学习、充电之中，这也是个人能力的一种递增。

此外，还要面对变化，勇于冒险，善于表现自己，同时，贵在坚持，厚积薄发，寻找脱颖而出的机会。

2010年，我在北大听陈鼓应讲《庄子·人间世》，里面的颜回，身处乱世，怀抱“乱国就之”的救世心态，处处碰壁。

而我自己呢，也经历了这样一种痛苦的磨砺。回顾这段痛苦的人生经历，我觉得刚从学校毕业的大学生，若想生存，一定要先放下“身价”，不要一开始就是“高高在上”，要把“清高”藏起来，从那些最不起眼的工作入手，假若你要想在社会上做出点事来，那么就要放下身价、放下家庭背景、放下身份、丢掉优越感，让自己回归到“普通人”中。书本上的道理、哲理和知识，都必须经过生活的实践，否则很可能成为阻止你走向成功的枷锁。

藏拙保身不是简单的技术活，这需要生活中的实践。

刚工作的人，一般都是安排在不受重视的部门或打杂跑腿的工作，有时候还要遭受无端的批评、指责、代人受过，面对这个复杂的社会，发牢骚是没有用的，承认自己的渺小、平凡。先学会做人，再学会做事，这样，你才不致被判出局。

几年以前，网友石勇写了本书叫《世界如此险恶，你要内心强大》。他认为，在这个残酷的世界上，打破社会价值排序，建立自己的心理优势，做强大自我的主人，要对抗不确定性，我们必须重建心灵秩序，重建我们与世界的关系。这本书出版后成了畅销书，引起很多人的关注。 但在我认真拜读了此书以后，我感觉此书陷入了一种“偏执”：面对险恶的社会，仅仅让自己在心理上变得强大，而缺乏外在的强大做支撑，比如金钱、社会地位、权力、爱你的人，这样的心理自信到底能支撑多久呢?

话说回来，该书对我们的启发还是有的，那就是在没有获得社会稀缺资源以前，先要培养“心理的强大”。也就是，增加自己的社会阅历，提高思维境界，加强对事物发展的认识。但仅仅这些还不够，还要努力奋斗，改变命运，我们每个人的命运都握在自己的手里。

7 爱就是在荒诞与悟空之间

爱情到底是什么？真的不好说。

10年以前，我绝对没有看懂《大话西游》，20年后终于懂了……这个世界上，还有一个故事，叫作《大话西游》。当我终于看懂的那一刻，我流下了泪水。

“那个人样子好怪。”“我也看到了，他好像一条狗。”

这句台词，我一直铭记在心。

这部电影其实讲述的是从至尊宝到孙悟空的蜕变，正是反映了一个从凡夫到孙悟空的心路历程。

2008年4月9日晚上，北大中文系教授李杨讲周星驰的“搞笑”哲学。

他从网上下载了2008年周星驰专业研究生的入学试题，一一向学生提问，很有意思。前些年的课堂上，李杨给学生讲《北方的河》时，自己十分感动，学生很难感动。对此，他感到不解，就问学生。

一名学生建议他看《大话西游》，还说：“如果你能被《大话西游》感动，我也能被《北方的河》所感动。”回去之后，李杨就买来《大话西游》，关上门来看，感觉太闹太吵心情煎熬，实在看不下去。第二天，李杨走进教室时，学生们都用满怀期待的眼光看着他，有名学生问：“李老师，《大话西游》看了吗？”李杨答道：“看不下去，都是搞笑的……”这名学生十分失望，终于他忍不住了，说了一句：“老师，你不觉得你很搞笑吗？”李杨内心被震惊了，他称这真是“一语惊醒梦中人”！

几年以后，当他回忆这个故事，说了一句话：“搞笑是一种生存状态真实的写照，经历了内心的分裂以后，人便会发现这种状态。”他又列举了尤奈斯库、加缪、高行健、余华和卡夫卡的例子，以此来说明人与这个时代的关系，那就是人的存在充满陌生感、孤独感和灾难感，置身于一个荒谬的境遇里，每个人都是脆弱的。加缪说过，在人生中间知道荒诞的人才不荒诞，不知道或不承认荒诞的人才荒诞。

《大话西游》1995年在内地公映时，票房很少，被认为是一部失败之作。1996年电影进入学院时，开始热了。真正的热是在北京大学和清华大学的BBS论坛上，1996年和1997年该片的VCD热卖，当年去美国留学的北大学生疯狂购买，海淀区一带的音像店VCD被抢购一空。然后，学术界推波助澜，李欧梵与周星驰展开对谈，更是让该片进入学术视野。据闻，周星驰已是国内五所重点高校的客座教授。

在S城工作时，我也曾看过此片，当时感觉太闹，看不下去。2005年重看此片，特别是看到片尾孙悟空吃着半截香蕉时，内心好像被什么揪了一下，隐隐不快。今年，在北大又连续看了两遍，感觉不悲不喜，进入一种难言的孤独和隐痛之中。

影片编剧构思精巧，主要讲了两个故事，即紫霞和至尊宝的爱情故事，但是，这不是简单的爱情故事，是一个关于放弃的故事，是对人类境遇的深刻隐喻。想想看吧，片中的至尊宝、白晶晶、紫霞、牛魔王、孙悟空、唐僧都能从生活中找到原型。年轻女孩谁没有紫霞飞蛾扑火的纯真之爱？年轻男孩哪个没有至尊宝创痛般的缺憾？当至尊宝头戴紧箍咒时我们难道能不为命运残酷而痛苦吗？那个快乐的至尊宝渐渐远去……当我终于能看懂《大话西游》时，发觉自己衰老了许多，下一步就是怆然泪下了吧？片子刚在国内上映是在20世纪90年代初，当时很多人没有看懂，可能由于影片太闹人了。

真正看懂《大话西游》，是在李杨先生的课上。

这部影片传达了一些人生永恒的东西，那就是：时空的渺茫，个体的孤独，快乐的短暂，爱情的无奈，命运的无法抗拒，深入心灵的悲哀、寂寞和苍凉……有时候，我真的困惑，在天意面前，人真的可以凭借自己的理性和坚韧获得属于自己的天空吗？我很怀疑。问题就在于此，至尊宝，和紫霞一样，都不过是至尊手掌里的宝物而已，不管他如何反抗，他从来不属于自己……

而最近几年，我接触佛法智慧，对此又有了新解。

正如一位智慧的网友所指出的，至尊宝本来在五岳山从事一份很有前途的职业——山贼，命运偏要至尊宝扮演孙悟空，一切只是个过渡罢了。所有的路线都是早定好的：一个人给他三颗痣；戴上紧箍咒；打败牛魔王；西天取经。可怜的至尊宝什么都不知道，认认真真做山贼，还爱上了白骨精，想和她结为百年之好。而蜘蛛精，白骨精，菩提老祖，牛魔王……都不过是棋子，安静地立在命棋盘的中央。所有的事都瞒着他接二连三地发生。给至尊宝三颗痣的人是紫霞仙子。不知谁说的：总有一个女孩出现，让男孩最终成为男人。而男人永远都不可能得到她，那简直是一定的。

佛陀说：斩断男女的情执，这才算是真正的了缘开悟！而智慧之剑，却不掌握在凡夫手里，这就是命运！也许，这一切都是一个宿命的开始，白晶晶、紫霞的出现不过是延续这个宿命的轮回而已。

情执是苦恼的原因，放下情执，你才能得到自在。人类所有的痛苦皆来自于执着。六根对六尘，生心是不清净心，原因就在于里面有情执。情就是七情，喜怒哀乐恐惊悲。执是执着，生情执，才是凡夫。《楞严经》上讲，情多的人往下堕落，想多的人往上超升。多少人因为一念情执而自我戕害，多少人因为一念情执而酿成悲剧。

在荒诞与悟空之间，爱情是那样美丽而脆弱，无法直面生活的琐碎和捉弄。

找到适合自己发展的环境

必须承认一个道理，环境对于人的影响很大。当然，对于个别修行人来说，可能是个例外。

什么样的环境下出什么样的人才，也叫时势造人。人只能适应环境，而不是环境适应人。当然，你能改变环境是另一码事，但有几个人能做到呢？纵然你有天大的本事，但环境不需要你，你也枉然，比如和平时期的军事才能。

大约2008年5月，那是四川汶川地震期间，孔庆东在一次上课时就说：“这几天四川地震，向灾区表示慰问和祈祷。想想我们在这里上课，真是舒服和幸福，只因为一些偶然的机遇而站得比别人高了而已。多少次，我都有幸运的感觉。你们在这里上课占据了制高点，这么好的平台，命运就是与别人不同。”

而在2011年，北大哲学系教授楼宇烈在接受我的采访时，也表达了相同的观点，他说：“《荀子》里面还有一句话：‘夫遇不遇者，时也；贤不肖者，材也；君子博学深谋不遇时者多矣！’你要知道历史上被埋没的人才多得很啊，就不会抱怨。就包括现在社会啊，我早上讲课时讲的，我们是幸运者，有许多学问比我们深的，比我们高的，他被埋没了，他没有遇到时，遇到时你应该感恩，而不是老是不满足。”两位都道出了同样的道理，没有一个平台，即便再怎么优秀，也有可能被埋没。

但是，也有这样一个非常流行的观点，“强者应该主动改变自己，以适应社会”，还有就是“要改变环境，首先就应该改变你自己”诸如此类的观点。这里是在强调改变自己的重要性，我不反对这个观点。人是社会中的人，任何人都不能脱离集体，向社会人转变是痛苦的过程，但是唯有改变自己，才有可能改变周遭的一切。只是，这里我要问的是，假若自己做到了努力，而环境依旧且短期没有改观的情况下，应该如何办呢？我的答案是，要立即重新评估自我和环境，另寻出路。

学校毕业以后，通过疏通人际关系，千方百计谋取一份工作，但是我工作以后才发现，在小城市工作，薪水微薄，升迁的空间渺茫，换工作是一件非常难的事情，遇到问题，你大多数情况下只能选择忍受，靠换工作提升的机会很少，人际关系是第一重要的，依靠自己能力很难生存。更要命的是，我觉得小地方做什么都要靠人际关系，根本没有什么公平。然而，我要尝试反抗一下！当然，我也知道，北京的机会竞争也激烈，但总有相对的公平，起码靠自己的努力能换来自己想要的生活。比如，我可以利用大学和图书馆学习充电，迅速提升自己的水平。

这一辈子怎么办呢？人只有一辈子啊。

这个问题是同事提出来的，我感到了绝望。人只有一辈子，这一句话把所有的道理都说完了。这个道理最简单，也最深刻，我不敢往细里想，往深处想，一想就不寒而栗。

时间飞逝，越来越快，它规定了一切的意义，人不能无限等待。世界这么大，留给自己的空间却这么小，人就是这么可怜。世上的事，天下宇宙也好，千秋万代也好，说完了还要是回到自我人生这个小小的基点上来，这才是真的。想到底人就是这一辈子，这是一种视野。仰望群星也是一种视野。到今天自己这一辈子越来越真实，而天下千秋越来越虚渺了。

福柯说过：人其实比自己想象的要自由得多。也就是说，当我们感觉到不自由的时候，实际上仅仅是由于我们屈从于习俗，我们完全可以不这样做，而去选择一种自由自在随心所欲的生活。自由地去做自己喜欢的事情，自由地去爱自己喜欢的人，自由地选择自己喜欢的生活方式，这就是我的人生宣言。

我来北京，无论是在北大和人大自由旁听学习，还是自己寻找工作辛苦打拼，都是自由地选择自己喜欢的生活方式。我坚信世间也存在着美好的东西：友情，爱情，文学，哲学，信仰，美术，音乐。我在这样的环境中徜徉，就像在一池碧蓝的清水中畅游，感觉惬意；就像在清澈的碧空中翱翔，自由自在，随心所欲。幸运的是，我在北京的几年时间里，基本按照自己的内心生活，终于摆脱生命的枷锁。

环境能造就一个人，同样环境也能扼杀一个人。这句话的意思是说，人只有放在合适的环境中才能发挥最大效能。一个手无缚鸡之力的文人，你让他从事体力劳动，他的成就绝对不如四肢发达胸无点墨的人大。就是说，在鸡窝的环境里，凤凰可能混得不如鸡；但在凤凰的环境里，鸡仍然是鸡，凤凰则可以翱翔九天。好的环境能够激发你上进，逼着你天天进步；差的环境则把你引向低俗甚至堕落。出污泥而不染，没有几个人能做到。

缺乏竞争的环境，犹如温水煮青蛙，不知不觉间，你就麻木了、消沉了，甚至堕落了。绝大多数人的自制力是不佳的，是追求舒服的，发展的方向会朝着令自己舒服的方向，没有外界的约束、刺激，就没有上进的动力。

环境虽然难以改变，却可以更换。如果认为自己当下所处的环境无法使你成功，最好去找一个可以适合自己发展的新环境，让自己的潜能得以发挥出来，成功则必然可期。

有一个著名的寓言，叫“泡菜效应”：同样的蔬菜在不同的水中浸泡一段时间后，其味道是不一样的。泡菜效应揭示了“人是环境之子”的道理，指出环境对人的成长具有非常重要的作用。人在不同的环境里，由于长期耳濡目染，其性格、气质、素质和思维方式等方面都会有明显的差别，就是人们常说的“近朱者赤，近墨者黑”。

良好的环境可以塑造一个人，而不良环境可以毁灭一个人。假如想更好地成长，更好地发挥自己的才能，那么寻找一个益于成长的大环境就很重要。如果不幸生活在一个不宜成长的狭小环境中，由于受环境的束缚，你不仅无法去施展自己的才能，而且还可能会自暴自弃，从此一蹶不振。

人们不仅要注意环境选择，更要注意在环境中人与人的交往。犹太教大经典《塔木德》中有一句话：“和狼生活在一起，你只能学会嗥叫。同样，和那些优秀的人接触，你就会受到良好的影响。”物以类聚，人以群分。跟什么样的人在一起，你就会成为什么样的人。

很多研究资料表明，成功者主要与成功者为伍，而失败者常常与失败者为伍。事实证明，不幸的人吸引不幸的人，而散漫者的圈子里也大多是散漫的人。

环境对于一个人的成长影响至深，我们不能等闲视之。认真审视自己所处的环境，看看是否适合发展，是否充满积极正面的力量，是否存在带动我们成长的成功人士。如果周围的环境不适合我们成长，如果你渴望成功，那么千万不要恋战，及时寻找适合自己发展的环境，为自己的成功奠定坚实的基础。

第六章

“道”是人生的境界

“道”是融化知识的“知识”

“道”和“技”的区别，也即融化的知识和知识的区别。

我这里提到的“道”指智慧大道，而非“处世之术”的“技”和世俗智慧。“道”不是知识，不是经验，不是思辨，而是超越自我中心的态度。从“道”的角度来看，整个宇宙万物是浑然一体的，因此也就无所谓分别和不同，世间的一切变化也都出于自然，人为的因素都是外在的、附加的。所以，不要把自己人为地和世上万物分开，得“道”的人从不堕入物我两分的困境。

长期以来，我们中国人非常重视知识，非常重视学习，这是优点。因为，学习使人严谨，严谨使人热情，热情使人洁净，洁净使人克制，克制使人纯洁，纯洁使人神圣，神圣使人谦卑，这样的知识具有很高的价值。但倘若不是这种知识，而是一种教条，就成了枷锁。从小到大，我们没有学习的主动性和能动性，而是被迫灌输了很多死知识，由于应试教育，丧失学习兴趣，没有学习的主动性，把学校看作监牢。一方面，学校老师没有“因材施教”；另一方面，老师没有真正传授“道”。

北大教授楼宇烈先生就常说：能说不能行，不是真智慧。他说，知识未必就是力量，智慧才是力量。知识要靠积累，而智慧是对知识的融会贯通和运用。中国文化不是为知识而知识，而是更好地运用知识。在古代，所有的学问知识都是围绕天、地、人的。天生万物，地养万物，人在中间，人本身是万物中的一员，没有其特殊性。

我们的一些知识人，对自己民族的文化了解不深，容易附和别人的观点，采用的是非此即彼的思维方式来认识问题，而不明白，此和彼是可以转换的，不是绝对的。我们古人的智慧不是二元对立的，思维方式是要把握"时中"的观念，不是用普遍适用性的观念，认识事物，好不是绝对的好，坏不是绝对的坏。不能绝对化，随着思维方式的变化，西方思维的渗入，中国人很难用"时中"的思维方式考虑问题，这也是为什么很难读懂中国传统文化。

假如再往深处追问，就会发现一个普遍存在的问题，那就是没有把"知识"上升到"道"的层面，而为一套知识和理论所迷惑。比如，西方医学治癌是手术割掉，化疗化掉，中国是调理，不一定要彻底消灭，可以共生，达到平衡就好。你能简单说西方好中国不好吗？西方，我就是我，敌人就是敌人，是敌人就要消灭光，而中国最好的就是不战而胜，攻心为上，攻城为下。中国智慧强调的整体关联的特征上，不应该把人和其他的物对立起来，而是要把它放在天地之间去，所以中国的文化整体关联的智慧，是一种动态的智慧，不是分割的，不是绝对化地去认识事物。中国文化的智慧，还体现在天、地、人之间的处理，人有主体性、能动性、独立性，不能凌驾于天地之上。目前，中国和西方都处于互相学习之中，借鉴西方的智慧弥补自己的不足，而不是简单批判就了事的。再比如，在中国有很多基督徒，提起自己的文化简单批判，痛贬为"人本主义"。西方文化中的"天是上帝”，一切物包括人都是上帝创造的。中国文化中万物是自然生成的，人们感恩天。中国文化的“人本主义”，并不是“人类中心主义”，我们并不提倡像西方那样征服自然主宰万物。一些拿“神本主义”批判中国文化“人本主义”的基督徒，恰恰没有弄明白的就是这点。其实，这种“人本主义”的文化曾经为当时的伏尔泰、狄德罗所吸收，并在欧洲取得胜利。西方的“人本主义”是偏颇的，原来是要把“人”从“神”那里解放出来，如今却成了“人类中心主义”。我们要从我们的传统中，把“人本主义”根本的意义发掘出来，又要防止人对物欲的过分追求。这里，我们不难理解，就“道”而言，中国和西方，各有各的“道”，岂能以彼代此呢?

此外，中国文化特别强调实践，不是以书本为真理。如果你懂得很多知识，明白很多道理，却对自己的身心没有多少帮助，问题就在于没有身体力行地照着去做。许多知识分子，包括北大的学生和老师，读了大量的图书，写了不少的文章，仅在贩卖学问，能说不能行，对人也许有用，于己等于无益。佛法称这些人为睁眼的瞎子、有耳的聋子、有嘴的哑巴。未有知识之前，的确需要依靠书本，包括言语文字所介绍的道理和方法来帮助我们，但这只不过是条途径而已，假若依赖执着书本上的教条，就会变得狂傲、骄慢，那就等于没有智慧，甚至走上迷途。缺乏智慧之“道”，徒有知识和文凭，也跟自己的生命不相应。

中国文化分“道”和“艺”两个层面。“道”就是道理，是中国传统文化的价值观念和思维方式，无法直接感受到，现代人难以领会。而“艺”则是具体可感知的，通过艺的实践，可以感受到心境的不同，可以享受到不同的人生乐趣，从而进一步体会中国文化的特质。艺可以上升到道，从艺中体悟人生、完美人生。楼宇烈先生说，我们所面临的情况却是重艺不重道，首先学技术，技术熟练，但不明白这门艺术体现了什么样的精神，个人的品德跟这个有没有关系，艺和道被割裂了。

我们既不要在神的面前丧失自我，也不要在物的面前丧失自我，更不要在知识的层面上丧失自我，用庄子的话来说，要“以道观之”。就中国文化而言，儒释道三者皆有益于当下中国。现代社会的矛盾主要是三种：“人与自然的矛盾”“人与人的矛盾”“人与自身的矛盾”。以儒治国，以道治身，以佛治心。儒家告诉我们要承担责任；道家告诉我们如何顺其自然，达到“无为”的状态，达到“真性”；佛家告诉我们要放下，达到“清静”。当然，信仰基督的也可以达到“大爱”。总之，我们不能知识洗脑，不能被二元对立的思维方式所糊弄，不能被脱离智慧的“道”的条条框框所捆绑，应找回真我自性。

寻找支撑自我生命的力量

两年前，我在北大哲学系听课时，一些学者对于中国文化重新进行思考，力图找出和西方文化一样的普世价值。这引起了我的思考。

最近几年，我在研读鲁迅的时候，对他的作品有一个感受，他对人生、人世有很浓重的苦闷，苦于无法超脱和解脱。鲁迅想用文艺移人情、人心，改良这个社会，他认为的文艺实乃有宗教之用，他的创作、翻译和提倡木刻都用意于此，问题在于文艺的作用实乃有限。

我们这个民族曾有无数次的跌倒，每一次都是通过“重释经典”而爬起来。起来的那条腿是“经济”，跪着的那条一腿叫“文化”。戴震从我们民族的经典里，只读出了“杀人”二字；胡适从我们民族的经典里，只读出小脚、麻将；鲁迅从我们民族的经典里，只读出“吃人”二字……他们是故意“误读”了。令人赞叹的是，直到现在，中国文化依然还是西方文化无法征服的“他者”。

人类如今所面临的危机是物化世界观的泛滥，是物性对人性的宰制。人被自己所制造出来的文化制品所主宰，人从目的的地位下降为工具。对疲于奔命的当代人来说，当遭遇生命困境、面对心灵牢笼时，往往习惯于选用西方的精神舶来品来化解，却生生忘记了它自有一种中国式的解决方式。我们习惯于看着西方，心灵却在旷日持久的荒地上抛荒。到底如何安顿困顿的心灵，成为当代人的一种宿命、一种纠结。

身为中国人，骨子里流的是中国人的血液，不是哪个人想全盘西化就能全盘西化的。

我是谁？我从哪里来，将要到哪里去？天地日月是什么？它们从哪里来，将要到哪里去？千百年来，人们一直在深深地探究着一个命题：人类生命的核心或者说生命的支点在哪里？我们读经典，不需要别的理由，只要一个理由就够了：那里面有一种安身立命的“中国式生命智慧”，可以抚慰我们疲惫的心灵。

西方文化是一元的，它自然会强调它的普世性、单一性。西方文化是来自“两希传统”的：一个是希腊传统，强调逻各斯，逻各斯就是普遍理性；第二个是希伯来传统，就是基督教传统，强调一神论，宗教普世化，三位一体、道成肉身。这两个传统结合起来，在西方就形成了一元的、单一的东西。这种文化和别的文化相遇之后，它的变通性就比较小，而且由于近代以来西方科技的发达，它总是带有侵略性、霸权性。

“五四”以后的中国思想精英，是在文化上断层很厉害的、找不到精神归宿的一群人。他们要么半生不熟地抄取西方精英的思想，要么像无头苍蝇一样在不同的文化上盘旋。这种现象即便在北大出身的人身上也表现得比较突出。某些青年知识人片面强调主张“个体生命权”“话语权”等这些东西，把个体的权利无限放大，结果不得要领。

中国人没有找出自己的普世价值，这反映出我们不自信的心态，对自己的文化认识不够，没有自信。余敦康认为，中国文化中的一个核心价值观是“和谐”二字，这个观念实际上是从《周易》中来的，“乾道变化，各正性命，保合太和，乃利贞”，“太和”就是和谐。《易经》是儒家和道家文化的源头，儒家的孔子，道家的老子都是从《易经》这个源头上发展起来的。中国文化的普世价值观不要归结为儒家，也不必归结为道家，其实可以很简单地归结为“和谐”二字。

为什么强调回归“中国式生命智慧”？因为我们过去总跟着别人跑。过去几十年，我们的意识形态从表到里都是马列主义的，强调的是斗争哲学。这种斗争哲学从哪里来？一定不是从我们的老祖宗那里来。

王博先生有个幽默的说法，北大哲学系是一个长寿俱乐部，活90岁以下算夭折。

真的，梁漱溟95岁，冯友兰95岁，张岱年95岁，任继愈94岁，楼宇烈现在过了80岁，余敦康81岁……这是为什么？在怎么处理好自己和世界之间的关系上，他们有一种独特的生命和心灵的大智慧，那就是——“中国式生命智慧”。

儒家的仁爱之心，对这个世界有一种承担、责任和使命；道家的逍遥态度，对这个世界持超脱的态度；墨家那种侠义的态度，对这个世界持拯救的态度；法家的严峻态度，对这个世界持控制的态度；佛家的清静解脱，对这个世界持放下的态度。儒墨道法佛五家，足以化解我们生命中的所有问题。这里强调一下，这种文化上的认祖归宗，不是匍匐在祖先的脚下，不是拒绝吸收和消化西方文化和基督教信仰，而是对祖先重新理解，创造性地理解，以便让它适应我们现在的时代和生活。

感觉太累的时候就要歇歇

若干年前，我认识一个北漂。

他从合肥到南京，从南京到上海，又从上海到北京，这是他待的第四个城市。北京的机会很多，因为志在媒体圈，在朋友的劝说下，他站在青春的尾巴上，趁着一腔热血尚未冷去，作出了来北京的决定。他在北京生活了三年多，搬了五次家。第一次租住的房子在海淀，当时上班的地方在一个商场，每天早上要步行20分钟去地铁站，从1号线转5号线坐上20站，十分辛苦。

那一年，也是他第一次在北京过年。因为火车票的难买，飞机票的昂贵，再加上公司的要求，他承担了值班的工作。大年夜的晚上，空荡荡的办公室只有他一个人，对着电脑，没有年夜饭，只有一盒泡面。他一边吃泡面一边告诉自己，春节只是个形式，一个人过没什么大不了的。然而，接到妈妈打来的电话的那一瞬间，他的眼泪就下来了。

以前好多朋友曾经问他，为什么非要坚持？为什么非要在离家那么远的北京？他说，在北京机会多、视野开阔。

但是现在他越来越怀疑，他所坚持的这一切，到底有多重要的意义?

工作难道不是为了更好的生活吗？在北京，真的能有更好的生活吗?

生活的真谛又是什么，是日复一日的忧虑和越来越物质化，还是与家人的相守以及内心的平静愉悦?

想着想着，他开始理性起来，后来就想开了，他不想太累了，于是就离开了北京。

傅佩荣先生说，其实现代人活得相当辛苦。表面上我们有很高的物质文明，但事实上在我们的生活品质中属于人整体的部分却渐渐被扭曲、瓦解而模糊了。现代人陷入三种困境：一是无根，二是无心，三是无情。

很多人都在追逐着快乐，追寻着幸福，可又总放不下自己心中的重负，如存款、权势、车子、房子等，一天天在世俗的旋涡中越陷越深。每一步前行，都脚印深深、气喘吁吁，能做到放下的又有几人呢？俗话说，有得必有失。得失是相对的，这主要看你得到的是什么，丢掉的又是什么。千万不能过于强迫自己，办不可能之事，生活本来应是快乐的，何必给自己徒增烦恼和压力呢？否则，就好像自己拿着鞭子把自己赶进了监狱或坟墓一样。

不久前，一位朋友告诉我，他辞职了。我一惊。朋友是老乡，北大毕业，我住在朝阳区时经常小聚。他毕业后，一直没有结婚，忙着考研，后来家庭缺钱，他只得搁浅理想，去了一家地产公司上班，年薪可观，之后又去了上海工作，事业前景看好。但他在电话中说：“我累了，想四处走走……”此后，他去了西藏、广东、湖北、江西，心灵放松了很多。

他在南方遇见一名同来旅游的老者。因为同是闲游，他们就一路结伴。

15天过去了，他们谈得很愉快，他仿佛从来没有这么放松和开心过。行走间，他向老者请教了一个问题：“人怎样才能清除掉自己的欲望？”

少顷，老者对他说：“年轻人，你知道见面之初为什么我建议你放松吗？我只是希望你每次放松前，都能发现原来放松的部分又会重新长出来。这就像我们的欲望，你别指望能完全把它消除。我们能做的就是尽力把它修剪得更美观。放任欲望，它就会像这满坡疯长的野草，丑恶不堪。但是，经常修剪，就能成为一道悦目的风景。对于名利，只要取之有道，用之有道，利己惠人，它就不应该被看作是心灵的枷锁。”

他恍然大悟。

社会就是个舞台，人往往戴着面具生活，各自扮演着不同的角色。人的欲望如同“围城”，在不经意中，自己囚禁了自己。所以，感觉太累的时候就要歇歇，适当修剪一下自己的欲望。

保持舒畅的心境，才能体会到人生的快乐。即便再忙碌，也要给自己留一点空间，不要让一些小事情影响好心情。

唐朝有位叫懒残的禅者，隐居山林之中，面对青山绿水，一瓶一钵，了无牵挂，他曾经写下一首禅诗：

世事悠悠，不如山丘。
青松蔽日，碧涧长流。
山云当幕，夜月为钩。
卧藤萝下，块石枕头。
不朝天子，岂羡王侯。
生死无虑，更复何忧。
水月无形，我常只宁。
万法皆尔，本自无生。

烦恼中最难放下的是“我”，最难转的是“我的感觉”。一般人的“我”很刚强、很傲慢，往往认为自己是世界的中心、可以主宰世间，认为我是优秀的，我好就是好，永远都不会变，因此才产生“自我”对立与“人我”对立的苦恼。其实，五蕴本空，“我”不是真我。如果“我”是真实不变的，那“我”就不会老、不会病、不会死，然而人们却无法主宰自己的生命，令其不老、不病、不死。不仅身体不是我，身体之内的念头也不是我！

人生需要放下的一样东西就是放下压力，心灵的房间，不打扫就会落满灰尘。蒙尘的心，会变得灰色和迷茫。我们每天都要经历很多事情，开心的，不开心的，都在心里安家落户。心里的事情一多，就会变得杂乱无序，然后心也跟着乱起来。有些痛苦的情绪和不愉快的记忆，如果充斥在心里，就会使人萎靡不振。

真正具有生活智慧的人，他们会追逐财富，享受财富，但却不会做金钱的奴隶。因为他们明白金钱固然重要，但是生命里不止只有赚钱这一件事情，还有很多重要的东西能够让生活充实快乐，比如健康、幸福、快乐等这些是金钱永远买不到的。

我们往何处去找寻幸福？只要于一切境界能不执着、无所住、无念、不分别，以不生不灭的清净心，若放下了不应该去追逐的东西，醒来时无忧愁，饮食不求精美，呼吸均匀深沉，就能够随遇而安。

“修行”是完善与修葺自己的灵心

假若感觉心不清静，可以抽出空闲，躲开琐事，脱身俗务，去念念经、拜拜佛、爬爬山、吃吃斋，体验一下我们眼中那山门中神秘的寺院生活，倒也不失为人生乐事。但必须要切记：真正的净土在自性里，“出家”不是避世，不一定都要去寺院里，“修行”是完善与修葺自己的灵心。

不要把逃避现实与真正的修行混在一起。逃避现实则是被动而软弱的消极行为，是为躲避苦痛而采取的鸵鸟政策，把头埋在沙里不敢正视现实。真正的修行，是敢于直面人生而又超越人生的有限性，有助于培养自己的智慧和豁达。

2010年，我在北大学习期间，出于对国学的兴趣，加入了北大耕读社，并认识了社长柳智宇，他是个高个子，戴着眼镜，略显文弱，不太爱说话。平常大家在一起，忙碌着活动、读书、实践，交流得不多。这年6月传出一则新闻，柳智宇在京郊龙泉寺遁入空门。

对于北大耕读社的社员们来说，柳智宇的选择其实并不出人意料。如果算上柳智宇，这个社团三任社长都已经出家了。第一位出家的社长就是耕读社的创办人，原北大哲学系硕士邓文庆。巧合的是，邓文庆也在龙泉寺修习佛法，现法号“显庆”。一位社员认为，一个社团三任社长出家，或许是受到了所读古籍的影响，“毕竟古代文人大都有出世的思想”。也有人对此评论说：“看来这是传统啊！”

据说，早在读高中的时候，柳智宇就对终极问题深感兴趣，并加以探究。他曾多次在北大阐述他的哲学和理想，思考哲理总让他有所得。他在大学待了两年，发现自己以及身边的同学普遍活得很“苦”。作为一个从苦海里解脱出来的人，他非常希望大家能像他一样活得从容淡定，对世界充满爱。他在一篇题为《如何成为一个有思想的人》的文章中写道：“到了大学以后，一下子面对五彩缤纷的世界，不同的价值观、不同的人生的方向，发现自己没有取舍的标准。怀抱很远大却显苍白的理想，却不知如何开始行动；未来似乎充满希望，又似乎离现实非常遥远。”

他曾设想：“工作了之后又怎样呢？现代社会节奏非常快，一些行业的工作量很大，还要应对很多现实的问题，升职、评奖金、工作中的各种关系，更有家庭需要照顾。”他迷惘，“但是这一生应该做什么？如何才能实现理想、改善社会？”

柳智宇说：“我们生活在社会之中，我们的智慧是否足够明晰，使得当我们认为自己卸下社会的枷锁时，我们抛弃的不是粮食和水？随大流是安全的，因为能常与人沟通，如果离群索居，我们怎么保证自己不会堕入自己的情绪和成见的小世界里？”

柳智宇的“修行”之路还很长，才刚刚开始。其实，“修行”到何种程度，一切都取决于心境的高与低、空与实。心不静的人，即使离群索居，一旦遇到喧闹就会烦躁。他们远离人群只是为了自我，而人我本是一体的，动静也是相互关联的，如不能自我忘怀，只知一味强调宁静，又如何能达到真正的安宁境界呢？

我无法胡乱揣测柳智宇的个人修行生活。但就我曾切实体会过出家人的生活，并非像我们平素想象得只是“念念佛读读经”那样轻松，而是十分艰苦。2013年冬季，我曾去过江西真如禅寺。凌晨三点钟，钟鼓响起，僧人们起床去参加寺院的早课。真如禅寺修持严谨，坚持半月诵戒、冬参夏学、早晚上殿、过堂吃饭、坐香出坡等丛林规矩。一年四季“冬参夏学，农禅并举”，平常每天三点半起床，然后早课。除早晚课、用斋出堂以外，禅堂的师父们一天14支香，从早到晚在禅堂打坐。冬天结制，打“禅七”，7个禅七，共49天，一直坐到23点45分。夏天安居学习经教、律仪、清规、梵呗等，共三个月。

有句话说，“欲成佛门龙象，先做众生马牛”。要想成大器，必须先在生活上学习忍耐。所以，“出家”“修行”绝不是闹着玩的。

无独有偶，我看到这样一篇文章。一个28岁的白领说，她想出家当尼姑，远离尘世，每天在古佛青灯中，清静地生活。理由是，从小就受到电视剧《红楼梦》的影响，厌倦尘世的黑暗、丑陋，对所有一切的“奋斗”“希望”都越来越没有信心，自己又没有办法去改变；对人生、对生命、对生活，总想探究它的意义，而最终的结果，总是让人失望；从她老公的身上越来越多地发现那些她不愿意看到的特质——对物质强烈的占有欲，或者说贪婪，对小人物的不尊重，有时候他对保安或服务员说话态度的恶劣，喜欢嘲笑别人，别人遇到不顺心，他总是要以嘲讽的语气来描述给她……

可以看得出来，由于生活问题，让她动了出家的念头，她把原因归咎于这个社会、她的丈夫和《红楼梦》的影响，可是，我不得不说她是找错了药方。一句话，境由心生！人所看见、面临的一切一切都永远只是他内心的映射！在世间辛苦的活着总会有烦恼的，所以烦恼是生命中应该承受的一部分。很多的问题，其实不在于外界，而是来自于你的内心，来自于你看待问题的角度。

大多人还是把出家当作逃避现实的途径之一，当自己在现实生活中受到挫折，就想逃避去某个深山老林，去“出家”，进行所谓的“修行”，这些想法都是很片面的。人们一般把结婚、成家、生孩子、找工作、赚钱、追名逐利等看作了现实。学佛并不要求一定要出家，出家人在佛教徒中只占少数的一部分。至于出家人虽然放弃世俗的生活及追求，但他有他的现实，他有他的生活方式。而论人生的追求来说，出家人则有更高的人生追求，他应该是为追求真理、为成就智慧而活着，为利益众生而活着。又怎么能说出家人是消极避世的呢?

面对惨淡的人生，你要做的不是逃避，也不是消沉（这也是一种逃避），而是要勇敢积极地改变自己，改变自己的内心。佛教里有一首偈子：“佛在灵山莫远求，灵山只在尔心头。人人有个灵山塔，好向灵山塔下修。”这首偈子说的是：所有的道场都不在别的地方，觉悟不在别的地方，佛不在别的地方，只能从自己那里获得。

修行不需要一定在寺院中进行，只要有一颗坚定的心，处处皆有佛性与佛心永伴。让自己的心理变得慈悲、柔软和智慧，这才是最首要的事。来这世上，不是为了享受更好的物质，也不是为了体验精彩的情感世界，来这世上的目的就只有一个，那就是对自我的灵魂进行修炼。这浊世就是一个最好的灵魂修炼场，就看你以什么样的心态以什么样的做法去面对，只有不断地完善与修葺自己的灵心，才能完善自我心灵的境界。

好心境最好是“归零心态”

老子说过：“吾所以有大患者，为吾有身，及吾无身，吾有何患？”他的意思是说，我们之所以会有忧患，是因为我们有自我的存在。如果我们忘掉自我，我们还有什么忧患的呢？

不要沉溺于过去，要从当下开始，进行全面的超越。当“归零”成为一种常态，一种延续，一种时刻不断要做的事情时，也就完成了心灵的全面超越。

2009年，我在北大见过一个禅者，他是台湾新竹人林谷芳，1950年生。从1988年开始，林先生到过大陆200多次。那一次顺眼看去，一位老者，满头银发，布履白衣，清癯如鹤，淡淡笑容，儒雅睿智。人如其言，清澈淡定，一席话下来，听者心静清凉。

无论冬夏，林先生时常往返两岸，修禅、讲禅、游历、著述，他执着于从传统文化中寻找当代中国人安身立命的智慧。他有着雅静与沉淀，静气凝神地说：“无论冬夏都穿单衣，是我这些年习禅的结果。平常人的身大于心，而修行人的心大于身。习禅，让我的心影响到身。”

我阅读了林先生的几部书，然而最为钦佩他的智慧。作为一位禅者，林谷芳的睿智还表现在观察问题的方式以及对知识分子的态度上。有时讲座上，他会带着“问题意识”，谈论一些公共话题。譬如对于“公共知识分子”的反思，特别值得深思。他曾说过这么一段话：

殊胜的道德固可以理教杀人，傲人的学问更常让知识分子自设牢笼，也因此谈生命的安顿，知识分子还常不及黎民，不能自我安顿的生命却夸夸其言于天下大事，虽说言不必因人而废，但其间的吊诡、异化，的确值得我们反思。

这段话是针对什么而说的？其实，只要联系一下知识分子的传统，不难理解。知识分子对外部世界有很大的关怀，好像我们要负担起天下大事，为了这个崇高的目的，话语往往跨越一个界限。还记得20世纪80年代吗？一片骂声。“知识分子”个个激烈，以启蒙者自居，高高在上指导、规训众生，谩骂祖宗，批判传统文化。如今呢，他们中的一些人忙着变卖祖宗遗产，个个油光满面，充斥在荧屏上，开口“国学”，闭口“文化”。

其实，在我看来，“知识分子”有太多的烦恼、无明和妄想，有太多的贪、嗔、痴、慢、疑等习气，有太多我见我执，有太多的所知障。

在一个剧变的时代，如何安顿自己的生命，也是林谷芳思考的问题。

在如此急遽的变动中，人如何安顿自己。这是一道生命根底的大公案。林先生常常跟大陆的朋友坦言道：放在你们的环境，我不见得表现得比你们好。他表示，修行的人，最该懂得设身处地，这是我很真诚的一句话。但尽管如此，正所谓“魔焰炽盛，亦可全真”，我们还是可以透过观照，让自己活得更纯粹一些。

2007年以后，为了心灵困境的安顿，我曾苦苦寻求。邂逅林谷芳，是在2010年5月16日晚上9点，地点在北大二教309。这次，林谷芳演讲的内容与我所探求的问题有关。在他看来，我们不停地给人生做加法，才造成了生命不可负荷之重。当追逐成为一种习惯，生命需要停歇。做减法，就是在修禅。他有时候把禅定义为生命的减法。减法就是有一个归零，看自己要的是什么？看自己的生命状态、自己的身心状态是什么？林谷芳先生提出四种归零：

阶段性归零

我们做一件事情，努力一个阶段，要忘记它。心理学上所谓的高原期，就是有一个阶段你怎么学都不会有增长。例如，曾经有一个画家怎么画都无法突破，于是扔掉画笔出去游历，二三年之后，一挥笔就上了一个层次。这个方法对生命的学习非常重要。

人生的归零

生命是一个类似抛物线的曲线，有人可能30岁之前是学习过程，三四十岁到50岁左右可能在创业，50岁后就要变成减法。你的曲线要往下，所以你如果继续负担那些东西就会造成你生命不可承受之重。所以孔子才会讲“三十而立、四十而不惑、五十而知天命、六十而耳顺”。

当下的归零（随时可以归零）

前念已去，后念未来之际的当下，你是自由的。禅眼观物，从容淡定。禅者不假外求，当下安然。人的有限，正因生命缠绕太多的葛藤，禅的归零，却让生活充满无限的可能。禅不在远，就在当下。

绝对的归零

归零有彻底、也有相对的。绝对的归零是如禅者打破无始无明、俱生我执，得到彻底透脱的归零，对一般人当然有它的困难。

前面三个我们任何人都做得到。生命总有一个它可以荷担的重量，所以就必须在减法的基础上“慢活”跟“乐活”。减法的这种简单却是跟生命有深刻的关联，你不会丧失自我，不会有过多的负担，你跟人群的关系其实也都存在。我们在一个社会的旋涡里，价值绝大多数都是别人赋予的，而且还会变，我想能够认清这个事实，就能理清什么东西对我们真的有价值。

是的，为学日益，不是坏事。人类从蒙昧至文明，就是“日益”的功劳，个人自童稚到成长，靠着启蒙建立自我，也是这日日增益的加法，但一味地加，便应了庄子的另一句话：“吾生也有涯，知也无涯，以有涯随无涯，殆矣！”

林先生启发我，回归生命主体来观照事物，这学问也才称得上真学问。老庄的“为学日益，为道日损”。不无哲理。的确，我们太需要一种融化知识的“知识”。这样的“知识”其实就是“道”，而不是“技”。不可否认的是，许多的知识、生命态度与社会价值，在帮助我们建立自己的时候，也无意之间桎梏了自己。更让人担忧的是，许多伪知识伤害了自己，瘫痪了自己的判断力。没有知识或文化，固然有所欠缺。可是，人为知识或文化所桎梏，也是缠累。

人类社会发展到今天，显现在我们面前的是一个五光十色、喧闹而又躁动的尘世，是一个纷繁复杂、诱人而又莫测的世界。饮食男女，七情六欲，是人的自然属性和生物本能。要真正达到佛家的“四大皆空”“六根清净”的境界，确实并非易事，但是静心能使你不断地调整自己，心态归零。观照“心的天空”，让念头自然生灭。那些千回百转的念头，都只是虚妄的影像，因此，无论它是善、是恶，皆无须住着，慢慢地，心就会趋向澄净和清明。唯有学习观察、觉知念头，且不执取，让心无所安住，才能回归清静。

心境不能太躁郁

在北大旁听学习的几年，我有一个愿望，就是想找那种有智和有趣的读书人，然而发现实在太少了。无智，没有自性；无趣，没有令人心生暖意和美的东西。那种既有智慧和学养，兼顾天赋和感觉的读书人越来越少，八股腔调、话语僵硬，怡情的学者之文、才情横溢的文人之文都太少了，言谈之间多思辨、术语、概念，少了些许生命之气。

一般来讲，在大学里面，尤其在北大这种好说理、喜争辩的地方，本科生脸上都还比较干净、比较清爽，到了硕士生，就开始有点暮气，到了博士生，暮气就更重了。

有一次，台湾学者薛仁明在北大演讲时说："十余天的大陆之行，多有感触。其中之最，则是大陆的读书人，实在太不快乐了。除了忧郁干枯，普遍是更急躁，更易激愤。知识分子相聚一堂，动辄开骂，个个义愤填膺，人人宛若社会良心。我看到许多知识分子一张张的脸，躁、怒、愤、戾，全然都是纠结。"

这话一说，我想当即鼓掌。正如薛先生所说，中国大学最根本的问题，就是完全没有能力处理人的安身立命。北大人的聪明与才情，常常是妨碍他们自在安然的关键原因。太聪明的人，有时候特别执着，一旦特别执着，就把自己给团团困住，就任谁都救不了。学校待得越久，暮气越重，傻愣傻愣，这是为什么呢？究其原因，学问跟生命脱节，就变成彻底的异化了。异化以后，在做这种学问时，生命会被抽离开来，只剩一个干枯的大脑在学院里面搏斗，其他的感官则全部被搁置，只有一个大脑被极致地发挥，我们的生命便迅速地陷入一个失衡状态。

我在北大听某些课，就有这种感觉，比如哲学系，每读一本经典，他们总要教你有多少版本，有多少解释，讲《老子》，就开始要教你老子的形上学、宇宙论，讲得天花乱坠，问题是，我们学这些干吗？我们知道老子的形上学，到底跟我们的生命有什么关系？

不幸的是，我们所有大学都在教老子的形上学。再比如中文系，某些教授开口“德里达”“福柯”“哈贝马斯”，闭口“后现代”“前现代”“现代性”，他们总要教你读上很多西方哲学理论书籍，再教你用这套理论解剖文学作品，我们知道这些理论，跟我们的生命有什么关系？到底跟文学有什么关系？

不幸的是，这在北大成为一种时髦，似乎不这样做，就会被人嘲笑成没有学问。这样子做学问，难怪越做离生命越远，最后当然会搞得自己很不痛快，又如何不会躁郁呢？当然，不是所有的北大教授都是如此，楼宇烈、王博、朱良志三位先生所做的学问，都是与生命有关的学问。我们太缺乏这种与生命有关的学问了。

如何平衡这种失衡状态呢？薛先生认为，不仅要看书或者是与有学问的人交流，更直接的方法，则是直接和生活周遭那些身心平衡、生命安稳的人多多亲近、多多来往。他们书读得多不多、学问大不大，都不要紧。只要是平衡安稳，接近久了，对我们的生命就有帮助，这就是孔子所说的“就有道而正焉”。这种身心平衡的人，其实民间挺多的。不识字、没读过经典，纯粹是民间长出来的人，他们生命的安稳程度，其实是许多满腹诗书的朋友望尘莫及的。民间朴素的人与人之间的关系，都有一种很淳厚、很温润、很养人的气氛，直接就能培养出许多平衡与安稳的生命。

真正的学问是养人的，伪学问是害人的。真正的学问让一个人越来越有朝气，不会让你越来越有暮气。当你觉得暮气沉沉，那是你的学问的体质已经出问题了。

很多人读书越多，越钻牛角尖，思维越褊狭，自我意识越强大，或只关注自身，最终陷入躁郁的负面情绪，如此，人与人、人与环境之间的冲突、矛盾就来了。我们所学的知识，都是从人的“角度”，未必是放诸四海而皆准的真理。假若不能觉察自己的偏执，就会被自己的好恶所蒙蔽，执着于以自己的价值标准去衡量外在环境。合乎自己的标准，就起了贪爱心，不合标准，就起了厌恶心，这个分别心，就是烦恼的根源。这样一来，无法活出一个积极、乐观、充满希望的人生！

最近读郁达夫的一篇童年自传，写到他少小时，常一个人躺在山坡的草地上，睁着眼睛看天上的流云和飞鸟，想象着山的另外一边是怎样的景象，想着想着就内心安住乃至潸然。《佛说四十二章经》上说：譬如磨镜。垢去明存。三界唯心造，修心可了道。反观自性，则无处不是清净的道场！

从陶冶性情中，学习平衡身心，不断地把心灵打开，不断地学习认识自己，反观自己的心灵，这是充满乐趣的一件事。

我们需要灵魂的《香草山》

若干年前，我偶尔读到《香草山》，是一位北大青年学者写的。

挑灯夜读，我被书中呈现出来的纯洁、温馨、甜美和深情所打动。香草山，是《圣经》里的圣山，芬芳弥漫，青草翠滴，羚羊悠然，蓝天白云，在这样的境界里，人怎还会孤独?

印象很深的是，书中所引用的罗素的一句话，“我们活着，是对爱情的渴望，对知识的探寻，和对人类深重苦难的同情”。罗素把爱情放在人生追求的第一位，这是智慧，人首先要获得美好的爱情，有了爱的温暖和滋润以后，才能有能力超越小我，认识这个世界，继而改造世界。由此可见，一个苦心经营起来的爱的世界，可以抵抗现实的残酷和无情。学者摩罗也曾说：“体验爱，体验幸福，体验光明，体验温暖，这是我们生命的一种能力，一种状态，甚至这就是生命本身……”自从刘小枫出版《拯救与逍遥》《走向十字架上的真》引进神学资源以来，很有一部分文学青年冲动起来。爱、悲悯、信仰这些词汇也大放异彩。这说明，在这片缺乏爱与信仰的土壤里，内心能有一片绿洲，该是多么重要啊?

内心的敏感是天生来的，是我从事写作的源泉。如果没有生就敏感之心，也就根本不会有文学的才能，也就无法创作。也是从很小的时候，我就开始思索宇宙和人生的问题。有一段时间，我不敢长时间地仰望星空，因为从中看到人生的荒芜、冰冷、无意义。我无法接受这个可怜的生命仅仅在无边的宇宙中像一粒微尘一样存在过短短的一段时间然后永远消失不见的残酷事实。荣格说，这个问题不能常想，否则人会疯掉。

由于粗鄙和丑暗对视线的遮挡、对注意力的绑架，不少人正逐渐丧失对美的发现和表述。这其实是个悲剧，生活有荒废的可能。尼采说："与怪兽搏斗的人要谨防自己变成怪兽……如果你长时间盯着深渊，深渊也会盯着你。"这就是为何长期以来，我在写作中总告诫自己，别忘了凝视和采集美好之物，这是我们热爱生活的依据。

世间存在着丑陋，也存在着美好：友情，亲情，爱情，文学，美术，音乐。有了灵魂的栖息之地，就像在清澈的碧空中翱翔，人们自由自在，随心所欲。可是目下的状况呢？社会剧变，加速转型，问题纠结，让人生气的事太多，"忧愤""焦虑"几成日常表情，戾爆发，但仅有愤怒和批判是不够的，假若保持单一面孔，心灵便会窒息。是的，让我们放下嗔恨，在宽恕中寻找爱，在苦难中寻找慰藉，在黑暗中寻找光明，在寒冷中寻找温暖，在绝望中寻找希望，在炼狱中寻找天堂……

其实，还有一种方法叫"追溯"，这个功课很容易做，不妨每天都花一点小时间，认真地想一想、回忆一下，有哪些人在自己成长中曾经帮助过自己，实在应该好好去感谢他们。

做法很简单，你可以沿着记忆的河流追溯到童年，当你开始有记忆，把你从小接触到的人，包括兄弟姐妹、邻居、朋友、师长、同学们，努力回想起他们曾经如何帮助你、呵护你……这时，你可以从感谢父母开始。比如你的父亲吧，或许你生活在乡村，小时候物质贫乏，大部分时候吃的是素菜，偶尔改善生活，父亲舍不得自己吃，用筷子夹肉给你吃。不管日晒雨淋，父亲总是每日每日地精心呵护你，从不打骂你，十分节制自己的情绪，并且为了供你读书，他一直没日没夜地干活养家糊口。

慈母半生艰辛，虽然没有什么文化，但是为人开朗，乐观，坚强，识大体，顾大局，父亲去世后一人，她独自支撑起家庭的重担，抚养我们成人、学习和工作，每忆起这些，深感惭愧。伴随着父母大人的去世，弹指倏忽，岁月流逝，疲惫而坚忍地走过苍凉的艰苦岁月。每每忆起那些荆棘岁月，沉重万千。思父唤母，音容依稀。

那时，村子里一个姓邓的五保户，60多岁，没有儿女，我们称她为“大奶奶”，和蔼慈祥，很爱孩子。每当家里吵骂我时，我总是跑到她那里，她总爱拿出白面馍馍给我吃，还替我轻轻擦去眼泪。“大奶奶”在世上没有任何亲人，她吃的是生产队的饭，给我拿白面馍吃的事让人知道以后，许多人闹意见。两年以后，“大奶奶”去世了，再也没人真正关心我了，像孤魂野鬼一样，我孤零零一个人在村口来回游荡。“大奶奶”是我童年唯一的温暖，虽然这样的亮光稍纵即逝。

像这些细微的小事情，当你回忆的时候，它都会慢慢地浮现出来，你要打从心底深刻地感激，抱着一颗感恩的心。所谓感恩，就是把从小到大照顾过你的人，一个一个请出来，在脑海中想一下，谢谢他们。童年时期的老师，最令我难忘，他们在许多生活小事上、无数节课堂上照顾和指导过我，让我终生受惠无穷，甚至有些老师，我现在还依稀记得他们的音容笑貌。

心灵的匮乏才是最大的匮乏。我甚至觉得，若无生命的觉醒，一个人就白白来到这个世界上了。

2007年我第一次来北大哲学系小院，就立刻喜欢上她了。跨进门槛，走过铺满石子的小路，推开嘎嘎作响、古色古香的朱红色院门，迎面扑来一股檀木香混合着书卷香的味道。我那时想，这里经常有哲学大家跨越吧。静园草坪旁，爬山虎爬满了整个墙壁，就像思想的流淌与蔓延一样，有一种天然自由的感觉。微风过处，绿叶仿佛一池吹皱的春水似地泛起涟漪，观者的目光仿佛也融入它那柔软的波心。我曾长久注视着她，以一种简单温纯的方式，仿佛就要穿越千年的庭院一样。

从我幼小的童年开始，经过T镇补习班，到江南学习，再到S城工作，我没有真正开心过。似乎我天生就是一个沉静感特强的人，这样的人天生忧郁，几乎没法改变。特别在S城工作的日子，感觉心灵枯竭。偌大一个北京城，因为有北大，似乎是某种刻意的安排。我到这里似乎也有一种宿命的味道。

在北大哲学系、宗教学系，有一群特殊的老师，他们用生命的魅力感染着我。不知不觉之间，他们影响了我，改变了我，从每一位听过课的老师那里，我都或多或少地学到一些东西，不仅仅是学问，更多的是精神上的滋养。

我常想，在担当自己的责任之后，我就放下心外之物，来这里静静熏习思考，一个人能有些时间直面浩瀚的宇宙、时空，直面自己的内心，面对大化流行世界，该是多么幸福啊。

凡是过分强调“自我”的人，从根本上难以快乐。一个人心中充满了美好的事物，他的心空就是晴朗的。相反，一个内心充满怨恨和嫉妒的人，他的生活必定被烦恼包围。常常提醒自己，从心出发，常怀感恩之心。

每个人都渴望得到爱，没有爱，人就无法生存。感恩，让我们以知足的心去体察和珍惜身边的人、事、物；感恩每一片阳光，每一阵清风，每一朵白云，每一块绿茵，每一片冬雪，每一棵树，每一叶草，每一个动物，是它们带给我们好心情，是它们让我们体会到自然与生命的美妙。

倾听来自心灵深处的声音

活在当下，坦然面对人生

有一种人，总是在“得不到”和“已失去”两种痛苦状态间摇摆不定，并抱怨自己的人生毫无乐趣。其实，世上有很多事是无法设想的，唯有认真地活在当下，才是最真实的人生态度。不要预支明天的烦恼，过好今天比什么都重要。

焦虑，这个心灵的杀手，已成了都市人的致命伤，它严重影响了人的生活质量。一个北大学生因不能背负的压力而离家出走，某企业老总因再也无法承受整天的员工讨工资、银行讨贷款、妻子闹离婚的生活而跳楼自杀。生活的压力太大，以致他们无法承受，所以才走上了绝路。

我来北京的这6年时间里，深深感觉到无处不在的压力，天天忙碌着工作，周末还要加班，有点空闲时间，还要去北大学习提升自己，生怕自己在竞争中被挤出局。每天坐地铁，来回就是三四个小时，几乎没有空闲时间。

这样的日子，一晃几年过去了。一个春季的上午，我在陶然亭公园漫步，沿着河岸，映入眼帘的是岸上的青草地，正开着无名的小花，在春雨的洗刷下显得更加洁白、娇嫩、清新，随着雨风摇曳，远处游人在春风里闲走。不远处有一个很大的湖，无风的日子湖面如镜。古城的夏季似乎要来，好多花草树木散发着生命的活力。躺卧在草地上，凝望蓝天白云，我问自己有多久没有亲近大地，看夜空繁星闪烁了？我拼命奋斗，难道不就是为了在草地上自由自在地仰卧有一颗快乐的心灵吗？在强大的压力之下，我从遥远的小城市来到北京，每天总是忙、忙、忙，越忙碌，仿佛越成了一种惯性，而脱离了这种惯性，整个人又似没有了魂的幽灵，整天晃来荡去不知所措。偶尔工作的余暇有片刻的松懈，又仿佛是偷来的快乐，不敢受用。这么多年，我似乎无意之间遗忘了当下。

平日里，劳苦奔波，全力打拼，难道这就是人生的全部？人活着，当然要有所追求，有所梦想，但要生活得开心、快乐，这才是理想的人生。假若为了一个目标，遗忘了当下的一切，那么生活也将会黯淡无光。我静静地坐着，思绪纷乱，心有万端，只因心性使然。

从当年乡下娃娃，奋斗到小县城的小记者，往事如烟，有饥饿贫穷的辛酸，有勤奋苦读的记忆，有事业奔波的周折，有人情冷暖的无奈。业无大成，为了那份心中的理想，远离故土，仍在努力。转眼间几十年过去了，恍若昨日，有无奈，也有悲哀，但生活还要继续，面对现实，活在当下，默默承受，学会淡定！世事无常，当初坚守的信念竟然成为很多人的笑柄，但是，唯有心灵的诚实在支撑自己。

楼宇烈先生曾说：“做本分事，持平常心，成自在人。赵州是讲做本分事，马祖是讲持平常心，黄檗希运是讲成自在人。”我们不要让过去的东西给牵制住了，过去的就翻过去了，不管你留恋它也好，厌弃它也好，它已经过去了，没有必要纠集于心，那么未来的呢，说实在的，我们还看不到。所以，要注重当下。有人说，我们总还要有理想吧。那么，理想的实现要从当下做起。当下都没做，如何谈将来？所以，禅宗的“活在当下”对我启发很大。既不要留恋于过去，也不要憧憬于未来，把当下的事情实在地做好它，自己能够做到多少就做多少，不要跟别人去攀比。

当下是一种状态、一种生命觉悟。当下就是现前的一念心。所谓生活就是生命在生存的全过程中的每个瞬间，每一个瞬间就是每一个当下，与我们所依托的环境有关。人应学会活在当下，因为人的精力有限，能够不为昨天和明天担忧，我们才有充沛的活力持续地生活。要把每个新到来的一天当作永恒的片断，好好地加以利用，努力学习，完善自我。

发现自己的迷失，这就是开悟；改正自己的缺点，这就是成就。发现了所有的谬误，这就是彻悟；改正了所有的问题，这就是圆满。无论什么时候都敢面对、敢承担，这叫出离心，也是一种勇敢的心。会面对、会承担，是一种智慧。心清净了，一切都清净；心自在了，一切都自在。观察自己的习气，改变自己的毛病，这才是改变命运。自己的习气越少，命运越好；自己的毛病越多，命运越不好。

世人常说要“活在当下”。什么是“当下”？当下就是你现在正在做的事、身居的地方、周围的环境和生活的人；“活在当下”就是要把关注的焦点集中在这些人、事、物上面，全心全意地去接纳、体验和投入。生活的充实与幸福，与我们堆积多少物质财富关系不大，而与我们生活的方式、生活的品质、生命的追求有关。

放下也是一种得到

有句话说得好："纵有良田万顷，不过日食三斗；纵有广厦万间，不过夜宿一床。"这句话很多人都知道，可是真正能做到缩手的又有几人?

通俗地说，放下很难，世人都有太多的牵挂。可是真正放下后，你会发觉所有的纠结与烦心反而可以转换成一片海阔天空。放下不等同于放弃，更不是要你四大皆空。放下是一种感悟，一种心境，一种对外部事物进退取舍、轻重缓急的把握。

李连杰北大演讲时的情形，至今我依然记得。他在演讲中简单分享了人生的经历，谈到了人生观发生的巨大变化。

李连杰从17岁开始拍《少林寺》，成名很早。20世纪80年代他经过了一个很长的自我为中心、自我膨胀、自我痛苦的阶段，曾经为自己的名、利、物质而奋斗多年。早在1982年，突然有一个人拿了600万元的支票给他，要他拍两部电影。他说："自我中心逐渐地膨胀，完全是以自我为中心的角度来看世界，对社会、对老师、对长辈，对很多东西都觉得不公平，觉得你们对我不公平，真的，在19岁以后，一直到二十四五岁的时候，全部是以自我为中心，对社会不满，但是不敢表现，不敢讲，因为讲了以后会挨批评。”

到了20世纪90年代以后，李连杰开始思考，开始改变自我中心的思想。“我不习惯站在某一个角度来看问题，我喜欢在两边晃来晃去……如果太自我为中心，这是我个人的经验，就会有很多痛苦，抛掉自我中心的时候，就会非常快乐。”

其实，早在1997年的时候他就想退休，因为他发现，物质不能满足他心灵上的要求。他发现：“周围的人也不是，我有很多很穷的朋友，有很多非常富有的朋友，非常非常富有，但是他们也痛苦。”李连杰觉得，在某一个阶段物质是相当重要，没有这个东西，就不能专心读书，不能专心地照顾家庭，不能专心地做一件事情，但是跨过那个阶段以后，就是本质不变、量在变了。钱和物质并不能使每一个人开心，欲望又是无止境的。

再后来，他拍摄《霍元甲》的时候，就告诉人说：“武力可能是一个解决问题的方法，但一定不是唯一的方法，暴力能够征服别人的肉体，但永远征服不了别人的心，只有爱。真的，只有爱的力量，才可以征服整个人类的心灵。”

他觉得人类共同的追求目标就是幸福、快乐。人是生活在人群里的，在人群里就需要关心、爱和付出。他决定40岁前为家庭，接下来就是回馈社会。他在回答记者采访时说：“演艺圈是个大染缸，佛法讲的是出世法，但却能指导世间法，我在大染缸里做自己该做的事，这就是在修行，拍电影和修行佛法是能互相配合的。”

2008年12月，李连杰登上美国《时代》周刊的封面，这一次，李连杰的身份，已经从武术家、电影明星变成了慈善家。

李连杰放下以后，并没有感到损失或心痛，而是从中获得了快乐。

人生就像爬一座山，本来是爬到山顶看风景的，可是身上背负着各种各样的包袱，就会越爬越累，就连欣赏沿途景色的心情也会荡然无存。因此，“放下”的意义，绝对不是悲观、消极、厌世或逃避现实；而是为了追求人生真谛，离苦得乐，而放下个人眼前的忧悲苦恼，抛弃短暂的物质享受，实现自己转苦为乐的目的。

学会放下，可以使负重的人生得到暂时的休息，摆脱欲望纠缠，使整个身心沉浸在一种轻松悠闲的宁静之中，使自己的心灵得到一份超越，一份执着和一份自信。经历过人生风雨后才发现，很多东西还是放下了好，紧拽在手里也是徒劳。

人总是这样，总是希望拥有一切，似乎拥有的越多，就越快乐。可是，突然有一天，忽然觉悟：所有的烦恼、困扰、忧郁、纠结、无奈，都是因为想要拥有的东西太多了，或者太执着了。不知不觉中，我们已失去了一切本源的快乐。这时就需要有点放下的精神。放下不是逃避生活的压力，而是尊重生命、又要顺其自然，以平和的心态对人，以不苛求的心态对事。站得高一点，看得远一点，对有些东西看得淡一些，反而会事半功倍。

欲望往往闭锁了本该具有的理智

人不可能一点欲望都没有，但贪欲是人生的祸源，关键是要保持适度。如果一心想捞取名利，就会被更大的名利搅得心神不宁。过度贪求私欲者往往被财欲、物欲、色欲、权欲等迷住心窍，攫求无度，必将自食其果。

我认识一个北大高才生，毕业后在一国家部门工作，月薪一万多元，工作轻松，然而他还不满足，整天炒股投资，结果赔本100多万元，无奈妻子只好和他离婚，目前，他仍在继续，想着捞回来。

还有一位北大才子，我认识他时，他还在读书，爱好国学，写得一手好文章。他的业余爱好和其他年轻人没什么区别，听歌、看碟，不同的是，他个性张扬，行为散漫。两年前他从私企辞职，从事网络写作，写出了几部都市剧，有了一些名气，很快就有了自己的收入。他最大的目的就是赚取巨额稿费，然后追求刺激。随着交际圈子的扩大，他开始混迹于娱乐圈，再后来，整天混迹在娱乐场所，和一些夜场的女人混在一起。

追求名利地位，本来无可非议。然而，为了贪图名利地位而不惜一切地去追求就是非分之想。在人世中，我们痛苦的最大根源莫过于欲望的无法满足。凡事想做而做不了，想得到而无法得到，这就是痛苦。

有人说过，生活中我们所拥有的快乐并不少，只是我们心中的欲望太多。这话是极有道理的。人们常常用“人心不足蛇吞象”来形容一个人的贪婪，试想一下：蛇吞象会是一种什么感受？人类的种种苦难（如烦恼、疾病等）主要来源于自身的贪欲心、怒心和愚痴心，即所谓“三毒”，而所有这一切都根源于自我的失落。欲望是魔鬼，轻易冲动不得！

物质文明越发达，人在世间的知识越多，本事越大，欲望也就越大。人生活在世上，不能让欲望占据了自己的心灵，就像《庄子·大宗师》中所讲的那样，“其嗜欲深者，其天机浅”。就是越来越违反自然，离自己的本心越来越远了。因此，一个人在面对这个纷繁复杂的世界时，一定不要迷失自己，让欲望占据自己的心灵。

生活中，简单一点，再简单一点。欲望少一点，再少一点。那么烦恼就会无限缩小。其实。没有烦恼的生活，不算真正的生活，无欲的生活并不高尚。有时候欲望也是人类进步的体现。只要我们能做到控制好欲望的“度”，认识到欲望是无穷的，追求是有限的。而不是抛弃欲望，这才是智者。

人的贪欲是十分可怕的，它就像一个怪兽，会吞噬掉许多美好的东西。但它并非是万恶之源，它既是使人堕落的陷阱，又是人类进步的阶梯。假如人们都进入无知无欲的状态，那么人也就不再是人了，这时所换取的不是人类的进步，而是人类的倒退，即退回到原始自然人的所谓小国寡民的社会中去。相反，人类只有具备永不满足的欲望，才能推动人们由个人的自我实现，到社会的自我实现，以实现人类社会的进步。

身心难安是现代人苦恼的根源

大多数人很难意识到，他们活在自己的心外，而不是心内。我们的生活所需多半来自身外，而不是心内，所以就误以为所有的烦恼，都是来自外界，于是不停地向心外的环境追求和抗争。骄慢心重的人，喜欢伸张自我、操控外境。缺乏自信的人又常觉得个人渺小无能，有如蜉蝣寄生、沧海一粟，因此也不断向外驰求。现代人常常抱怨生活范围的局迫。觉得空间太小、时间太短，这都是由于生活在心外，身、心无法统合的关系。

两千多年前，柏拉图就已经说过："人生最重要的就是照看好自己的心灵。"可是，现代人长期处于充满压力的生活节奏，因为迷于物欲，长期把心灵和外界对立起来，心灵早就不堪重负。台湾学者傅佩荣曾深刻地指出，现代人陷入三种困境：一是无根，二是无心，三是无情。他认为，其实现代人活得相当辛苦。表面上我们有很高的物质文明，但事实上在我们的生活品质中属于人整体的部分却渐渐被扭曲、瓦解而模糊了。可以这么说，身心难安是现代人苦恼的根源。在这种情况下，尤其需要我们静下心来，气定神闲地面对日新月异、变化多端的社会、人事等。

王博先生，是北大年轻的教授之一，讲庄子出神入化，“亦庄亦谐”，幽默、调侃、诙谐，他从《庄子·人间世》出发，带领我经历了《人间世》的无奈、《大宗师》的悲凉与渺小、《应帝王》的生命庄严、《养生主》的生命智慧、《齐物论》的高度以后，最后走向《逍遥游》。王博就像解牛的庖丁一样，刀刀见骨；又如丹青妙手一样，达观优游。他说，“给我们造成困惑的往往是自己”“庄子能用调心化解心中郁闷，只会用酒精来化解心中苦闷的人，是个俗人……”“孔子不过是庄子手中皮影戏里的木偶，庄子借助木偶反省生命，生命被外物所操控，这外物也可以是心情、权力、金钱、美色、知识……孔子凑合算是木偶，墨子连木偶也不算……”

王博借助庄子启发我：省思自我，消融自我，觉察自己的偏执，化解人与人、人与环境之间的冲突。因为洞悉生命的实相，所以体验、承认坚固的自我执着是虚妄的，要向内观看自己的起心动念处，不依自己的偏好和习性做判断。要从自己的内心上下工夫，如果不下工夫，常被境界所转。有境界的人不论外境如何变动，内心都不受影响，所以能够没有烦恼。

心妄念纷飞，心很散漫杂乱，是最不容易受自己指挥、最不容易安静下来的。心向外看，什么都想得到，什么都是别人和环境的不好，一遇到问题，总是指责别人和环境，怨天尤人，起嗔恨心。当感觉到有烦恼时，就尝试往内看：“究竟是谁在烦恼？”或是“有什么烦恼放不下呢？”如此追问下去，你就会发现，是你的知见在起作用。

人的心宽阔了，才能神情安宁，思想明澈；反之，则心神不宁，心思杂乱，就会使人失去平静，变得烦躁、易怒和伤神。就像庄子一样，做心灵的逍遥游，达到“无功、无名、甚至无己”的自由状态，得失成败，全部看淡。

人生在世，总有许多烦恼。有智慧的人，不会受到环境和身心的影响而烦恼，因为他能觉察自己的偏执，不会被自己的好恶所蒙蔽，去衡量外在环境。合乎自己的标准，就起了贪爱心，不合标准，就起了厌恶心，这个分别心，就是烦恼的根源。其实，外在的境界根本是一样的。

古德说，“热闹场中作道场”，宁静，只要自己息下妄缘，抛开杂念，哪里不可宁静呢！深山古寺，如果自己妄想不除，就算住在深山古寺，内心也照样苦恼。在我们周围，时常听到诸如此类永无休止的抱怨：“我整日很苦闷，心胸开朗不起来。”长期发出这样的感慨，他们的内心便自然而然产生一种怨愤的心态，在无形中无法掌控自己的情绪。殊不知，在抱怨自己不快乐的同时，自己也被心灵的枷锁所“役使”，若要摆脱奴隶的束缚，就要培养开阔的胸怀；一旦去除心中的枷锁，就会获得纯朴、简单、整洁和心境的安宁。

在大自然中寻找失落的灵性

快乐的心境需要用心去发现，到大自然中放松自己吧，让大自然给你灵性。

“长安一片月，万户捣衣声。”（李白）
“雨中山果落，灯下草虫鸣。”（王维）
“鸟宿池边树，僧敲月下门。”（贾岛）

读上面的诗句时，你会觉得全世界一片清寂，心境安谧至极，连发丝坠地都听得见。古人是有耳福的。

读中学时，我有个习惯，每逢季节转换，便聆听大自然的天籁：雨潇潇、夏虫低吟、小溪的流淌、秋草虫鸣、夏夜蛙唱、南归雁声、雨骤雨歇、曙光里的雀欢、芦苇荡的沙沙……乡村的深夜，静极了。虫子的鸣叫，树林深沉的起伏声，偶然的狗吠，将这深夜衬托得幽静，深邃。特别是在夏夜，仰望星空，天空是那么的巍峨、神秘、诗意、纯净、浩瀚、深邃、慷慨、无限……一晃几十年过去了，这些都成了记忆。那时，我远离喧闹，干净得像一条无人知晓的小溪，静静流淌在深山里。

我不喜欢过分复杂的生活。拿喜好来说，喜欢人文、哲学、宗教、历史、艺术类，比如有时会看看电影、出去旅游、散步。在北大未名湖畔漫步，也成了我的一种习惯，有时是整整一下午，我不急不慢的，一个人浸泡到傍晚。若是在夜晚，离开喧哗的人群，沿着一条幽静的小路，仿佛走进了一个宁静的花园，聆听夜籁，用心感受青草花木的幽香；或者，独对清空，一轮明月，无数的星星，稀稀落落，内心没有杂念，没有烦絮，没有忧伤，有的是一份自然。

北大教授里，曹文轩是个有乡土情结的学者。他自称："至今，我还是个乡下人。"在他的全部作品中，写乡村生活的占绝大部分。即使那些非乡村生活的作品，其文章背后也总有一股无形的乡村之气在飘动游荡。20年岁月，家乡的田野上留下了他斑斑足迹。那里的风，那里的云，那里的雪，那里的雨，那里的苦菜与稻米，那里的一切，皆养育了他，影响了他，从肉体到灵魂。他的小说里，经常可以看见大段大段的风景描写："我家住在一条大河的边上，这是一个地地道道的水乡，我是在吱吱呀呀的橹声中，在渔人噼噼叭叭的跺板声中，在老式水车的泼刺泼刺的水声中长大的。"说起家乡，说起水，曹文轩总是这样深情地开头。这位水边长大的学者型作家，自小就与水结下了不解之缘。在他笔下，自然与人是和谐统一的。人的生命节奏，与田园的自然节奏紧密结合起来。

大自然是个神秘的殿堂。它能够清除生活中的种种劳累，能够洗净污垢的灵魂、心境，能够使我们获得美的享受、爱的滋润。大自然有着它独特的神秘感和韵味，是个独特的大课堂。走在大自然里，舒展一下倦怠的心情，细细地品味，细细地感悟。用心倾听大自然的声音，是在倾听一种感情的流露，倾听一种生命的感动。听着这些，你会觉得那是一种快乐的享受，这些大自然的声音会让你放松身心，洗净心灵上的污垢。

现代以来，随着技术野心的膨胀和飞行工具的扩张，人们变得实用了、贪婪了，失去星空的笼罩和滋养，人的精神夜晚该会多么黯然与冷寂。

自然是清新剂，将化解你所有的忧愁烦闷，还你一份舒心。当你走进大自然，投入它那宽广的胸怀时，大自然的一草一木似乎都有灵性，都会抚慰你受伤的心灵。快乐的生活需要用心去发现，到游山玩水中去放纵自己吧，让大自然给你灿烂和希望。

罗素曾经说过："我们的生命是大地生命的一部分，就像所有的动植物一样，我们也从大地上汲取营养。"自然可以开启心灵，陶冶人的情操，人久居于闹市，心系职场，活得很累，一些荣华富贵、一些名声赞誉都是很表面的东西。老子从大自然中悟了"道"，并由道出发，认为人要"虚其心""知足""不争""无为""自然"。在老子看来，人是自然的产物，自然性就是人的本性，人的本性是自然的。老子主张要减损，甚至要加以绝弃，因为这些身外之欲是有害于人生的。

活着既不能过于放纵，但千万也不要太累。自己累，别人也累。人属于自然，便有自然的本性。亲近大自然，热爱大自然，与大自然融为一体，会使我们自身变得更加充实、更加丰富。能够与自然契合与山水相交，是幸福的。人性忌火气、躁气、浮气、水气。心中有一刻清凉，当下便是清凉世界。

用省察的心来观照自己

依照印度古老的传说，每个人临死前最后一个心念，就是这个人下一辈子的使命。这个观点，会认为生命是一个不间断的轮回，有前世、今生及来世。是否真有来世和轮回？可能不好说。但可以肯定的是，一个长期处于贪嗔痴心念的人，无疑是最痛苦的。

读过金庸《笑傲江湖》的人都知道林平之这个人，本是富家子弟，忽遇奇变，人生大起大落，没有见识过江湖险恶和人世艰辛，为了报杀父之仇，忍受很多屈辱，终于从一个心地纯良、仗义拔剑的富家公子变成一个内心扭曲、怨毒偏激、狭隘刻薄的魔头。林平之在对余沧海的复仇中，并不急着杀他，而是缓缓地戏弄着，残忍地品尝着复仇带来的扭曲的快感。怨毒隐匿于心，可以将人性恶的一面发展到极点。更为悲剧的是，林平之将内心的愤怒和怨毒发泄在爱他的岳灵珊身上，并杀害了她。同样一些反面人物比如任我行、东方不败、岳不群、左冷禅等，都被人性中的“痴”“嗔”“贪”三毒所毒害。

2009年5月，我在北大听归国的叶曼讲国学，她话语幽默、健谈、智慧，不时让人捧腹大笑，随后又让人不禁陷入沉思。

叶先生是那么清净，那么慈和。正是因为有一颗慈悲而又柔软的心，她对人总是和蔼。一般人情绪不定，但在生活之中多保持一份心的宁静，多保持一份向内看的心，就会少一点被外境困扰的可能。但我发现，来北京后，有段时间我待烦了，总觉得心情烦闷、忧郁，高兴不起来。

私下和叶先生接近，聆听教导，老先生侃侃而谈这几十年人生的痛苦和快乐。这位乐观的老人，早已把痛苦看作财富。对于生死之事，早已看淡。叶先生说："修行就从当下起，从你的起心动念、言行举止上去修，修心便是关键，这是我认为的修行。拜佛念经是形式，最要紧是修神、修行为，当我们与家人、朋友、同事或者是社会相处时我们怎样把贪、嗔、痴、慢、疑、妒忌这六个恶念消灭，让它不再升起，这就是修行。"

是的，心中老想着恶念，又如何幸福？快乐是在心里，不假外求，求往往不得，反而转为烦恼。如果烦恼当前、逆境当道，要向内看自己的念头，不要注意使你烦恼的现象，否则烦恼不易平伏。有一句话说："用慈悲的心去看世界。"禅师之所以会"认输"，是因为他有一颗善良的心。

此后，我又利用各种途径听了叶先生的系列讲座或录音，之后我十分懊悔，先前居然用去了那么多的宝贵时间阅读了那么多糟粕书籍。叶先生一字一句的讲解，每每让我能从佛经讲解里感悟出微言大义。虽然置身物质充裕的现代社会，但生活的实质一点也没有改变，面临的问题不是减少了而是更多了。叶先生说："一切因果，世界微尘，因心成体。如来常说，诸法所生，唯心所现。这个心的功能对着外境，六根对着六尘，于是你起念头了。"因此，只有从心入手，学会转化，才能突破自我，实现自我。

用省察的心来观照自己，时时克服自己的恶念，就是要降伏在我们心中造成不安的烦恼因素。为什么呢？因为人的"心"里，总有一些欲望、希望，利益或追求，总有一些问题需要思考、需要解决。特别是在变化迅速的现代社会，信息爆炸，知识膨胀，欲望也跟着强烈起来，人的心也越来越难降伏。欲望是众生的本能，没有欲望，便无所谓生命，众生的心难降伏，便是由于各种欲望的蠢蠢欲动。生活中大家往往会有许多烦恼，会产生或大或小的心理问题。如因为家庭、学业、工作、感情、名利、国家或世界的变故而感到不安。因此，首先要从“修心”开始。

静能使你不断地调整自己，心态归零。我们眼见、耳听的一切，如果是起于个人的心念，就发生了喜欢和憎恶。要静得下来，要对周围发生的一切，有足够的思想定力，要知道发生的一切对你没有什么影响。即使有影响，也是内心的反应，这样，才能静得下来。只有吸取了教训，才能静得下来。

观照“心的天空”，让念头自然生灭。所有的念头、感觉、情绪，都像飘过天空的一片云，遮住阳光，须臾之间，又被风吹送到天边；也像骤然洒落的一阵雨，倏忽倾泻一地，转眼却云收雨停。解除心的框框，把心放空，让心柔软，就能包容万物、洞察世间，达到真正心中万有，有人有我、有事有物、有天有地，一切随心通达，运用自如。

很多时候，我们都把思维限制在固定的模式中，死钻牛角尖，死死地拽住不丢，认为那是不可更改的真理，循规蹈矩，无法解脱自我。事实上，如果你放下心中不可逾越的框框，换一个角度去省察自己，你会发现，原来事情并不是自己想的那样。

真正的快乐来自于“无我”

一提“无我”观念，人人都会感到害怕，其实“无我”不是不讲我，而是超越自私的小我。自我成长固然重要，但自我成长是否就是我们人生的目标及最终目的呢？再让我们仔细想想，“我”究竟是什么？是心？是身？还是身心之外所拥有的事物？所谓的思想、财产、名誉、价值判断等，就是“我”吗？或者只是“我的”罢了？如果每一个人都强调“我”，岂不是很麻烦呢？

2013年，我认识南方一个来北大访学的人，他叫心悟。

心悟是5年前才剃度的，是不折不扣“半路出家的和尚”。出家之前，他当过兵、做过公务员、做过生意，之前父母都去世了，有人开他玩笑：“你就差没做过和尚了。”

2009年年底，心悟成为一名救助中国尘肺病患者的志愿者。他拿起相机和摄影机，走到甘肃、内蒙古、安徽、江西、广东等地尘肺病患者的身边，调查和记录他们的遭遇，然后在网上公开。

作为方外之人，他对世俗之事十分关切，对我说：“修行不离世间，快乐来自‘无我’，我就是要在生活中禅修，说好话、干好事、做好人。在自我观照中保持心灵的洁净，在知足中常生欢喜心、感恩心，脚踏实地，心无挂碍，无我无相，以此完善我的人格。”心悟一番话，让我醒觉。一切烦恼皆由心造。心不安神更不安，心神不静烦恼丛生，执着于我就囿于自我，心中只有一己得失、一己感受，又怎能真正快乐呢？容得世间万物，自然心生欢喜。

心悟为什么选择做尘肺病患者的志愿者？更早的则是源于小时候的记忆。他的邻居常常呼吸困难，家乡的冬天异常寒冷，邻居总是抱着暖气，夏天也只能找个阴凉的地方待着，基本上不怎么走动。心悟看在眼里，十分痛苦。之后的数年里，此情景让他难以忘怀。他出家后接触佛法，生起慈悲情怀，发愿救拔众生痛苦，到各地深入调查，以影像的方式记录下来，传到网上。调查中，心悟发现，很多人至死都不知道自己得的是尘肺病。找到他们，便是首先要做的工作，紧接着募集善款，然后把他们送去医院。很多时候，他们每天翻山越岭，逐村调查，向当地人了解情况。按着打听来的信息寻找过去，有些已经在不知情中被夺走生命，人去房空。心悟说：“用世俗的眼光来看，大家觉得尘肺病患者是需要帮助的群体。而我作为一个修行人，并不认为是我在帮他们，相反，是他们在帮助我，成就我的慈悲心。”“我从来不觉得出家人的生活就应该是闭门修行。”心悟说。在他看来，许多社会问题的解决应该发挥出家人的力量，让他们践行自己的使命。出家人不能只吃菩萨香火，不为众生做事。他是一个出家人，但做的是很入世的事情，他对当下和时代有很深刻的关切，最重要的是付出了行动。他更多是一个公民，而不是修行人。

中国文化的传统，最重要的是“行”，讲究“知行合一”，知道了然后落实到实践中去，这才是最根本的东西。在这个浮躁的时代氛围里，知行脱节，溺于功利，趋之若鹜，很多人只为一己私利，缺乏道德自律和价值的关怀，又怎能快乐？

北大中文系教授常森认为，我们现在的教育，主要是知识、技能层面的教育，基本上丧失了人文精神。大学教育，如果能让人变得更从容，更淡定，更有方向感，那么就是一种有价值的教育。北大的气质，就在于能有一种“敢为天下先”和“敢为天下忧”的“无我”的担当精神，而不是通常意义上的“狂傲”。

人在贫穷时，总是渴望获得财富。但当一朝拥有财富后，接着又渴望得到名气和权力、地位的增长。于是，一生的时间，便陷入在这无穷无尽的追求之中，不断打拼，欲望永远不能满足。假若对自己能少些欲望，想着服务他人，便是减少自我中心、减少烦恼。心悟常勉励人要惜福，认为自己现在拥有的是最好的，即使遇到挫折，也要告诉自己是种体验，能有此心态就可以身心安定，不会老是打妄念，烦恼不已。

很多人为了满足一己私欲的贪求，而过分追求个人的享受，就叫作“欲望”。欲望是自私的，会为我们带来烦恼，甚至带来杀身之祸。生活中有些人为了自我的利益，往往会自寻烦恼，把本该平静的心境套上枷锁，搞得重负疲惫，这实在不可取。我们应该学会解除这些束缚，给自己减压，从而活得轻松、活得快乐。可是，如果是为众人的利益而努力和奉献，就不叫作“欲”，而称为“愿”。愿心是为众人而发的，是清净的，不会带来烦恼，反而会带来快乐。这个实在是太有意义了。

实现自我与外在环境的统一

“自我”消融了，内心世界的矛盾便渐渐统一了，你便不会再受外境的干扰，而得自由自在。

所谓使内心世界统一，即是不向自己身心之外求统一，不是要征服自然，也不想克服外在的魔障和魔境，而是先把自己内心的冲突和矛盾平息了、统一了再说。自己和自己的矛盾尚未统一，怎么奢望克服自己和他人之间的矛盾？平常有所谓身不由己，是指身体累就是累，痛就是痛，不听心的指挥。

2010年3月28日，我遇见一个叫行者的年轻人，30多岁，他在北大做了关于弘一大师的演讲。

2009年11月，行者因深慕弘一大师的品格和著作，曾经沿着弘一大师的生平足迹，行走全国40余处，其间对于弘一大师的出生地、求学时期、艺文大家时期、教育家时期、出家地、讲经时期、闭关地和涅槃之地，都有较为深入的行路读书。并且在杭州随缘效仿弘一大师的闭关体验，在普陀山漫游，在鼓浪屿上听潮……

行者是个白领，生活在现代都市，他外表文静，穿着汉服，仿佛没有人间的俗气，像所有的年轻人一样轻狂、叛逆、特立独行和冲动，也有着死死不肯放手的执着历程。然而与其他人不一样的是，他选择用流浪的方式靠近生命的本真。行者跟你我一样是普通人，他只是坚持做他发自内心最喜欢做的事情，这很难很难，但他的经历告诉我们，这是成长必需的一个过程，他做到了。据他讲，他足迹遍布大半个中国，此外还有尼泊尔、越南等地。他那时长期吃各地便宜的小饭馆里的快餐充饥，甚至是简便的白饭，饿极了时偷吃别人门前橘子树上的小橘子和庙里供奉的水果，还有沼泽地的树叶和无人区的野果。在途中，他交各种各样的朋友，喝各地各种的酒，四处奔波，四处逃离，肆意挥霍。他到处走，也做各种工作谋生，睡过街头、坟墓边、废弃的工厂、客栈、夜晚的森林……他工作的地方有个十六七岁的小女孩怀孕后自己到厕所生产，最后经理把她开除了。他去找经理据理力争，希望把女孩留下，结果经理奚落道："你以为你是救世主吗？！"

"我那时才开始真正了解这个世界。"行者说，"当时我一直思索，为什么这个世界是这个样子？为什么我们活得这么苦？"

自述：行者"离开南方后，我去了青海，想一直走，走遍全国。那时我开始认为文化中的真善美可以改变人。必须要有真正的文明的教化，才能够改变这个社会。但后来我到了北京，见了几个有名的前辈诗人和作家，我发觉自己的想法并不十分可行。为什么？因为他们也还解决不了自己人生的诸多问题，只是专注于那种所谓的文化成就。但那却并不是我想要的。我流浪了那么多年，吃了那么多苦，只是想重新回到内心的纯净，并找到人生中美好的价值，与更多的人分享。自立立人，并非只为博取一些孤独的江湖虚名。"

2006年，这个年轻的诗人离开北京，来到石家庄的一个村子，自学哲学和社会学，决定要再度找到人生的意义。在这个过程中，他踟蹰了大半年，依然未能找到解决问题的方法，直到后来意外地读到一本关于佛学的书，他忽然意识到中国传统文化的博大。2007年，他借住在太湖边的一个寺院。一边吹奏尺八，学习中国传统文化，一边跟着寺院里的僧人上早晚课。

他将自己的名字改成了“行者”，从此便用了这个名字，作为自己的志向。他把先写过的数百首诗，只删剩下了四句：“天地山水，疗我伤痕，给我音风，渡我隐忍。”他的生活极其简朴，住处只有书、尺八、古琴、床、两三盆植物，几乎不需要其他任何的东西。他办尺八演奏会和讲演，拒绝商业赞助，做主持人则从不问薪酬，终日闭门在房子里读书、写作、练习尺八。

他和许多人一样，也在思考和追问人生的意义。他和不同的朋友交流了一个问题，即：“在每个人的一生中，你能改变什么？”他这样说：

一个行者，若只关注自己，不能关怀别人，并在改变自己和他人的过程和结果中体现自己的人生价值。那么，即使人生是一场旅程，这场旅行的意义在哪里呢？倘若没有自立立人的志向，或作孤高，或作癫狂地和这个社会对抗，他的生命于人又有什么真实的用处。

……

行者把旅游分为三类：风景游、人文游、“心游”。他说，“心游”又称心灵行游者，即在所有游历的地方随遇而安，无论顺境还是逆境，将每一次的行走都看作是一次生命的终与始，并在行游或人生的过程中，找到自己恒定的信念和方向。不但知行合一，而且自利利他，借此以体悟和完善自己的心灵与品格。

决定我们一生的，有时不是我们的能力，而是我们的选择。

其实，每个人都是自己生命中的行者。我欣赏行者身上的那种自律背后的大生命的自由。渴望真的有那么一天，在减轻了生存的压力以后，我流浪远方，远离城市到乡村，重新恢复那颗敏感、敏锐、柔弱、充满温暖的心，但是，和很多人一样，这颗心在我长大的过程之中覆满灰尘。

这样一个行者，胜过无数文化“名流”，更接近生命的本真。正如他所说：“做好自己，不要看外面发生什么。拒绝流行、潮流的。拒绝丧失品德和价值的。如果你以为自制是束缚，自由是放任……如果你轻易被他人的言行影响、甚至改变言行。你已经失去了你自己。在这个时代中，毫无信念的特立独行，只会是肤浅，毫无坚守的跟从，也只会是愚蠢。难能可贵的是那些修养自己的人，身处浊世，愿我们都努力向着更好的境地，闹时炼心，静时养心，坐时守心，行时验心，言时省心，动时制心。”

回归自然，回归自性，直面真实的世界和自我，才能担当得起佛性。当我们见到自性的智慧时，看到的一切都是完整的、现成的，没有一样心外之物，全都是自心的显现。我们经常以二分法来看待事物，这是好的，那是坏的；这是黑的，那是白的；这是长的，那是短的。事实是善恶一体、黑白不分、净垢无别。

附录

推荐和评论

于仲达其实是埋没在民间的一个非常有思想的青年学者，他的许多想法超出了一般的青年学人，甚至高过一些博士教授的水平。他的另一个特点是知识面广、博闻强识，读书之多、消化之快，异于常人。

——郝庆军（文学博士、学者、作家、《传记文学》杂志主编）

在近期的网络阅读中，于仲达是少数击中了我的神经的思者。他的作品表现出直面黑暗的勇气、对精神高度的追求、指向生命本体的悲悯情怀，而这些正是当下汉语世界所缺乏的。在信仰缺席的汉语世界里，于仲达无疑是少数率先等待戈多的人，这是他的位置、意义、价值所在。

——王晓华（深圳大学师范学院教授，文学博士，学者，文化批评家）

于仲达以自己切实的践行认真经历、体验和咀嚼着生活与学问的苦乐。他没有将自己置身于学问之外，他热爱学问的原因是他有大问题要求教于学问，因此他有了许多的故事。

——老村（作家、画家）

作者求知的脚步，并非跟随名师的步履亦步亦趋，而是保持了一定距离。

与偷师学艺的杨式太极拳创始人杨露禅相比，在北大旁听学习五年的于仲达更为幸运。在这所中国最高学府里，他听到了中文系、哲学系和宗教学系众多名师，以及海内外学者的讲座：钱理群、何怀宏、李零、楼宇烈、陈鼓应、孙郁、陈平原等。以三十多岁的年龄，做如是选择，于仲达此举显然没有功利的计算，更多的是解决自己的精神层面的问题，寻安身立命之本。

在北大这四年多的时间里，我见识到形形色色的旁听生，也接触了很多旁听生，对他们的好学精神、求知意志、与命运抗争的勇气，我既感同身受，又钦佩不已。有时我也会尽我所能去帮助他们。

于仲达可算是北大旁听生中的又一代表。

——甘相伟（《站着上北大》作者、北大中文系学生）

于仲达应该是很有理想主义情怀的人，在当下世人都在为钱财、车房奔波的时候，身在体制外，没有显赫学历的文化爱好者，愿意把为这些没多少经济利益的学问投入这么多时间与精力，实为难得。

—— greattree（豆瓣网友）

于仲达著作

《坚守与突围》（写于2003、2004年间，已出版）

该书文字里挣扎着一个觉醒的“我”，那就是：“我从哪里来？要到哪里去？我要干什么？”在这个视上帝如无物的国度里，我用文字试图打捞那些正在沦落的事物，试图拯救虚无，表达对灵魂的忧虑，流露出浓郁的人文情怀，不停地走，一个人肩着寒冷和虚无的孤独，仿佛看见了鲁迅笔下的过客的背影，反抗着一个荒谬的时代。

用网友的话来说，从《困境中的囚徒》《铁屋中的呐喊》到《精神的守望者》《灾变社会中知识分子的责任》等文章中，我们可以看到一个在余杰铁屋中的呐喊者，一个在鲁迅绝望中的绝望者，一个在摩罗的思想里的思想者，一个敏感，脆弱，压抑，挣扎着急于浮出水面的灵魂。

《暗夜里的过客》（个人日记，写于2001年至2007年去北京以前）

该书叙写了我个人真实的生命体验，有我的挣扎、思考、煎熬与反抗，也有觉醒“个体”的痛苦与醒觉，当然，更重要的也有解剖之思和信仰之思。是我最为看重的生活之思和生命之思。

《暗河上的精神求索》（写于2013、2014年间，未出版）

该书以感悟的方式，对当代（50后、60后和70后）颇具鲁迅气质的学者和作家进行一种散点透视，是文学史、思想史的一次有趣的求索。

一代人有一代人的知识结构、生存体验和精神诉求，基于对现实的不同思考，关注问题的角度也就不同。作者被后鲁迅时代的沉重话题缠绕着，以此为鲜明的问题意识，与之形成对话。解读之中，作者用阅读和谛听的方式和世界对话，用默祷和歌吟的方式和学者、作家相遇，与之灵魂猝然相遇，不断地战栗与苏醒，经过了漫长的幽暗、践踏，一代一代的知识分子，除了重复鲁迅式的沉郁、悲怆、孤峭和寒郁以外，能否寻找精神的另一种可能，即走向信仰？能否从压抑的文明和人性中超越出来？

作者从那些直面现实和不断抗争的知识群落里，提炼着今天有参照意味的因子，解剖他们的精神困境，旨在于此激活自身的思考，无数悲怆的灵魂被重新唤起了，游荡在今人的思绪里。全书沉痛，在鲁迅的长影和当下的风雨中追问，折射着知识分子坦然、创痛和求索。

《北大偷学记》（天津人民出版社2011年版）

该书讲述一名民间学人，前后三年时间先后在北大中文系、哲学系和宗教学系旁听的故事。期间先后偷学了钱理群、陈平原、叶曼、吴晓东、圣玄法师、王博、曹文轩等18位北大名师，练就了学术上的十八般武艺。北大深厚的文化氛围让作者在精神上真正立了自己，回归到清静的本心，恢复了心灵的柔软。该书详细记录了这18位学者的讲座风格，展现了这些北大学者的风采。

《生命的菩提》（金城出版社2012年版）

该书是2007年初步习禅心得，乃野狐禅也。

最初接触禅宗，是因为迷茫，因为无助。阅读《坛经》的过程，是一个渐渐清晰、渐渐安定的过程。最初与佛经的相遇，从《坛经》开始，最初的心得，也从《坛经》开始。因此，我对这本书有独特的情感。感谢奇妙的因缘，想保留最初相遇时的惊喜。在庸常的日子里，我有了一点定力，那些最初的喜悦，如此珍贵。随着年龄的增长，越来越感受到这一点。

有人认为，学禅就是一味口头滑利以机锋转语为禅机，奉公案妙偈为圭臬，把几句古人话语拿来装点门面，逢人就读玄说妙，逞口舌之能以自得，吓唬他人。其实是错。没有历经“时时勤拂拭”的打磨又何以证悟“本来无一物”的气象？未见性人，明明心中是非迭起，心随境转，却说什么“本来无一物”，鹦鹉学舌！法本无法，方便而设，若不应机，良药亦毒。《坛经》中六祖多次批评人们着相修行，其实是纠偏，不能错误理解成不做休心息念的观照工夫乃速成。

《问道北大》（中国国际广播出版社2014年版）

《北大偷学记》2011年出版后，收到部分读者来信，赞誉者有之，建议者有之，有的读者认为《北大偷学记》语境不够全面，背景欠完整，还有读者说写北大教授的多，自己的东西少等，有些道理。最初写《北大偷学记》只是记录一下自己的学习，也没有想那么多，原书的编辑删除了我的心得，主要以北大教授为主，现在看来有些遗憾。

该书是我听课几年，品评北大教授，人生思考的一份精神档案，是对他们的认识加深的过程，我自己成长的过程，也是为读者和学生们展示我眼中的北大教授的过程，更多的是传承了不少大学者的知识与思想，如语录和引用，是一种听课实录与传递学识、智慧之光、诗意人生的一种方式。此举主要为深度普及国学。写作该书，目的给后来青年学习提供一点参考。如果这个目的达到了，付出也就值得了。

《简单就好》（中央编译出版社2015年版）

该书是对《菜根谭》的解读。

《菜根谭》的生命智慧，是建立在对世界的通透的认识之上。之所以现代人会如此喜欢它们，有它的原因。很多人回到中国古代的智慧中去寻找思考的方式，生活的方式。这是为什么呢？因为，一个是人们能从书中看到一些东西，能够让人修养身心，这种与世无争的态度能让人产生一种平和之气，甚至会觉得有一种精神的逍遥，或者是内心的平静。

我从禅宗的视角来解读，书中不仅有至真至纯的说理性文字，更选取了许多富有哲理的佛禅小故事，给人带来不一样的人生感悟，相信读过之后会对自己的人生也有独到的见解。该书从中国传统文化根源出发，探究人文精神、生存体悟与生活睿智，诠释人生主题，在轻松的禅境中，以思辨的方式体悟人生的大智大慧。

《庄子禅解》（线装书局2015年版）

该书是对庄子内七篇哲学的生命解读。

庄子说，道在蝼蚁，道在稊稗，道在瓦甓，道在屎溺。庄子所主张的“道”普遍存在于一切事物当中，道不离于日常生活。修道不必于日用平常之事外用工夫，只需于日常生活中无心而为，运水搬柴，着衣吃饭，涤器煮水，煎茶饮茶，道在其中，不修而修。

《鲁迅经典论述》（鲁迅著作中精彩言论的分类编选，编于2014年，未出版）

为什么编选这样一本书？其实，我有感于某些“著名”鲁迅研究学者和不“著名”鲁迅研究学者对于鲁迅的简化与拔高。

《一个人的鲁迅》（关于鲁迅的随笔，写于2003年至2009年之间，未出版）

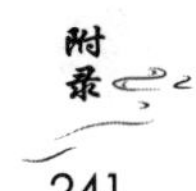

《在北大听佛学》（华中科技大学出版社，2015年即出版）

《在北大听文学》（华中科技大学出版社，2015年即出版）

《鲁迅心证》（著述，未出版）

《亮起一盏心灯》（禅宗随笔，待出版）

于仲达早期作品

诗歌作品

1．平原的一个秋天，《诗神》，1996年2月
2．诗二首，《诗神》，1999年6月
3．雨天，想起远方的家，《中国校园文学》，1998年2月
4．演员，《青春诗歌》，1995年6月
5．瞻仰凡高，《辽宁青年》，1998年23期
6．重返村庄，《少男少女》，1995年3月
7．水鸟啊，我的伙伴，《少男少女》，1995年3月
8．水莲，《安徽日报》，1996年5月23日
9．平原的一个秋天，《安徽交通报》，1999年9月6日
10．平原，《安徽经济报》，1996年8月1日
11．城市月色，《芜湖日报》，1998年2月20日
12．飞走的鸟语，《芜湖晚报》，1997年6月6日
13．凉秋，《阜阳日报》，1998年8月13日
14．颖水的回忆，《阜阳日报》，1998年8月13日
15．明月夜，《阜阳日报》，1999年8月27日
16．田园生活，《安徽交通报》，1999年7月15日
17．重返瓜庵的日子，《阜阳日报》，1996年6月24日
18．无题，《阜阳日报》，1996年8月17日
19．红樱桃，《阜阳日报》，1996年1月8日

20．家园，《阜阳日报》，1998年9月19日
21．深秋棉桃，《阜阳日报》，1996年1月20日
22．月光，《阜阳日报》，1996年5月4日
23．农闲季节，《阜阳日报》，1993年12月2日
24．乡间时光，《安徽科技信息》，1996年6月21日
25．追寻祖先，《全国中学优秀作文选》，1995年5月
26．怀念乡居的日子，《初中生必读》，1994年9
27．有关麦子，《初中生必读》，1994年9月
28．秋天走远了，《初中生必读》，1995年10日
29．窗台落满月光，《六月》，1997年5月
30．远行，《人生十六七》，1996年8月
31．诗五首，《人生十六七》，1997年2月
32．红樱桃，《人生十六七》，1996年5月
33．访鲁迅故居，《六月》，1997年9月
34．茫茫的一盏灯，《中外少年》，1997年5月
35．冥想中的一个月夜，《六月》，1998年7月
36．回归，《人生十六七》，1996年3月
37．回归，《清颍》，1996年2月
38．秋天的遗言，《全国技工教育报》，1995年2月25日
39．蒋雪无声，《中学生周报》，1995年3月7日
40．麦子及其怀念，《全国技工教育报》，1994年9月25日
41．感觉落花，《全国技工教育报》，1995年5月25日
42．夜歌，《警察日报》，1996年2月29日
43．时光，《中原晚报》，1998年8月12日
44．感谢乡土，《中原晚报》，1998年9月16日
45．泉河晚景，《中原晚报》，1998年12月30日
46．梦境，《中原晚报》，1996年1月23日
47．月光，《中原晚报》，1996年5月31日

48．村居，《中原晚报》，1995年12月5日

49．冷月，《中原晚报》，1996年1月26日

50．秋韵，《中原晚报》，1998年9月30日

51．寂寞的村庄飘着雪花，《全国技工教育报》，1994年12月15日

52．白窗帘，《古南岳》，1996年1月2日

53．滴秋古道，《芜湖教院报》，1997年4月10日

54．冬季来临之前（三首），《全国技工教育报》，1994年7月25日

55．校园的早晨，《中学生写作报》，1992年1月15日

56．乡思，《中学生周报》，1995年3月14日

57．我已听见了，《界首文艺》，1996年2月19日

58．失散的影子，《全国技工教育报》，1995年10月25日

59．冥想中的一个月夜，《溧阳文艺》，1998年12月28日

散文、评论、随笔

1．天狗吞月，《芜湖日报》，1998年6月14日

《芜湖教院报》，1998年6月28日

2．文明的祭奠者，《阜阳日报》，1999年8月13日

3．警惕垃圾，《芜湖教院报》，1998年1月10日

4．学会读书，《芜湖教院报》，1997年1月8日

5．诗意的安居，《芜湖教院报》，1997年10月28日

6．精神的家园，《阜阳日报》，1999年5月7日

7．刺丛中的求索，《阜阳日报》，1999年6月11日

8．空灵清寂天籁梵音，《阜阳日报》，1999年9月22日

9．作为语言的诗歌，《冷风景》，1999年1月

10．重建文格，《阜阳日报》，1997年8月2日

11．天狗的遐想，《阜阳日报》，1999年6月24日

12．道一声珍重，《芜湖日报》，1994年7月8日

13．意境悠远的空山明月图，《阜阳日报》，1997年8月16日

14．月迹·人迹，《阜阳日报》，1998年9月4日

15．故乡泥土总芬芳，《阜阳日报》，1998年11月24日

于仲达近期纸媒作品

1. 北京《传记文学》杂志2015年、2014年全年专栏，约15篇文章

2. 爱与痛的边缘，《青年作家》，1996年2期

3. 2008年的阅读札记，《青年作家》，1996年8期

4. “快乐英雄”的喜剧反抗，《新京报》，2008年1月8日

5. 缺乏灵魂纬度的怀旧叙事，《新京报》，2007年12月21日

6. 荒漠中的挣扎，《新安晚报》，2006年1月16日

7. 渡不过的河，《颍州晚报》，2006年1月25日

8. “文人”的痛苦与不幸，《今朝》，2005年4期

9. 鲁迅的痛苦和巴金的忏悔，《江淮晨报》，2005年11月28日

10. 精神废墟走出来的惶惑者，《成长》，2005年9月1日

关于于仲达的评论

1. 偷学不易，《东方早报》，高峰枫，2011年9月18日

2. 一个底层的“鲁迅迷”，《颍州晚报》，叶村，2003年11月4日

3. 寻安身立命之本，《新京报》，张弘，2014年4月12日

4. 于仲达：虔心向学，问道学界，《青年时报》，范典，2014年5月25日

5．偷学记：旁听生眼中的北大教授们，新浪网、搜狐网、新华网、人民网、网易等网媒转载，《新京报》《江淮时报》《青年文摘》《高中生》等报刊纷纷介绍

后记

这本书终于要和读者朋友见面了，文字不多，但它却凝结了我在北大6年的心血和过去近20年的生命体悟。

早在2007年北大听课时，我在著名国学家、佛学家楼宇烈先生的课上遇见了本书的责任编辑李猛兄，他既是我的老乡，也是我在北大结识的“北大旁听生”。现在想想，那是一段愉快充实的日子，我们在一起谈国学、讲佛教、说人生，设想用自己的学识和智慧，阐扬传统，传播文化，启迪众生。后来，李猛兄结束旁听生活，重新做回图书编辑，出了很多畅销书，像北大保安甘相伟的《站着上北大》就出自他之手。有一次，他建议我把自己的北大求学经历写出来，可以给一些处于困惑期的年轻人看。我虽口头答应，但一直拖着，做事多少有些拖沓，承蒙李猛兄督促，一直到2014年年底才开始动笔，中间几次修改，正是因为他的辛苦付出，这本书才最终得以出版。

北大静园的草坪绿了又黄，黄了又绿。转眼之间，四年已过。这些年里，是我思考问题最多最集中的，如果缺乏这个环节，我基本还是没成年，可能终生无法走出S城。

我把这本书视为自己年轻时代的最后证明。现在仍想这样说，这是一个曾经的苦痛者写给正在困惑的年轻人看的“励志读物”。当然，它是一本关于“我执”和消融“我执”的书。

在北大，眼前经常走过步履翩翩、衣襟飘飘的教授们。我的目光总是被他们的神态所吸引。

最深刻的一次印象，是一次讲座上。拥挤的人群中，一位北大教授出现了，他身着青灰色长衫，宽大有裕，一身风尘的味道。他出现在人群中时，简朴大方的衣服，一枝独秀，卓尔不群，格外引人关注。他讲话时，声如洪钟，周围鸦雀无声。

他休息时，他身板挺直，坐在坐椅上，默不作声，衣服的下摆自然下垂，有着一种特有的内省与收敛。他目光下垂，一脸和气，淡淡的微笑，秀长的手指，轻轻捻动着。万人如海一身藏，虽然独行，他无惧于此。

北大学习，其实一种修行，能够帮助自己修正曾经迷失的我。

学习能够帮助我深入地体会生命的实相，不只是心灵的宣泄与净化，而是升华，使人的生命丰富而活泼。

学习知识，并不代表我们就拥有智慧。我曾对一个北大老师说：身在安徽，我会想念北大；身在北大，我却时常想起安徽。假若智慧打开，若能将智慧落到实处，身在北大与身在安徽是一样的。

也许会有人反问：北大学习能够当饭吃吗？我会回答：北大学习固然不能当饭吃，但是能使你吃饭更有滋味。

在北大，我有幸得到一些教授的热情鼓励，自然深深地感谢他们，感谢求索路上遇见的每一位有缘人。通过学习国学和文学，了解中国传统文化，也更能了解我们的社会，看问题更全面了，自身自然得到提升。与一流学者——尤其是有思想家气质的学者“结缘”，是一种提高自己趣味与境界的“捷径”。与北大教授零距离靠近，无疑提升了我的精神视野。不仅仅是增加了知识，而且对自我、世界、生命有了新的理解。我在S城学的是“技”，而这个是“道”。

我常想：在担当自己的责任之后，我就放下心外之物，来这里静静熏习思考，一个人能有些时间直面浩瀚的宇宙、时空，直面自己的内心，面对大化流行世界，该是多么幸福啊。

这里，我留下自己的个人邮箱1289217154@qq.com，欢迎提出指正意见，欢迎和我分享你的人生梦想，期待和你交流。

于仲达

2015年4月8日